El Nuevo Libro de las SERPIENTES DEL MAIZAL Y OTRAS RATONERAS

El Nuevo Libro de las SERPIENTES DEL MAIZAL Y OTRAS RATONERAS

R.D. Bartlett y Patricia P. Bartlett

TIKAL
ediciones

Editora
Isabel Ortiz

Director de la colección
Salvador Gómez-Toldrà

Traducción
M. Ángeles Martínez

Revisión técnica
A. Martínez-Silvestre, J. Soler, D. Medina (CRARC)

Revisión de textos
Darío Giménez

Composición
Julio P. Fernández
Roger Fotocomposició (Figueres)

Diseño gráfico
Antonio Tello

Título original: *Corn Snakes and Other Rat Snakes*

Fotografías: son de R.D. Bartlett excepto las de la página 87 y 101, de Bill Love, de Glades Herp; las de las páginas 69, 71 y 118 son de Ernie Wagner
Ilustraciones: Michele Earle-Bridges

Tikal Ediciones
C/ Campezo, 13
28022 Madrid
Fax: 913 009 110
tikal@susaeta.com
Impreso en España

AGRADECIMIENTOS

Cuando se recopilan notas y material para escribir un libro como este, se busca la aportación de otras personas expertas en la materia. Eso hicimos nosotros. Bill Love y Rob MacInness, de Glades Herp, y Chris McQuade, de Gulf Coast Reptiles (ambos de Ft. Myers, Florida) no dudaron en proporcionarnos diapositivas ni en permitirnos fotografiar a sus serpientes. Eric Thiss (Excelsior, Minnesota), Bill Brant y Joe Hiduke, de The Gourmet Rodent, y Bruce Morgan (todos ellos de Gainesville, Florida) también nos dejaron fotografiar muchos ejemplares. El doctor en Veterinaria Richard Funk nos facilitó información médica y cuadros. Jim Harding nos proporcionó información relativa a las serpientes zorro en Michigan, y Carl May nos explicó sus descubrimientos sobre las serpientes del maizal aneritrísticas en el sur de Florida. Una serie de expertos ofrecieron información y reflexiones sobre historia natural y cuidados de serpientes en cautividad: Mike Souza (serpiente ratonera verde), Bruce Morgan (varias especies), Chris Newman (serpiente ratonera de Moellendorff), Ernie Wagner (serpientes ratoneras europeas). Además, Ernie Wagner nos ofreció diapositivas y, cuando leyó nuestro manuscrito, hizo varias mejoras. Y finalmente, aunque sin menoscabo alguno, Mary Falcon, nuestra editora de Barron's, hizo algunas sugerencias y nos apoyó durante todo el proyecto. A todos ellos queremos expresar nuestro más sincero agradecimiento.

SOBRE LOS AUTORES

R.D. Bartlett es un herpetólogo que ha escrito más de cuatrocientos artículos y tres libros, además de haber colaborado en otros seis. Imparte conferencias a menudo y ha participado en estudios de campo por toda América. En 1970 fundó el Reptilian Breeding and Research Institute (RBRI), una institución privada.

Desde sus comienzos se han criado allí más de doscientas especies de reptiles y anfibios, algunos por primera vez en Estados Unidos en régimen de cautividad. Entre los éxitos de este instituto se incluye la reproducción de varias especies en peligro de extinción.

Bartlett pertenece a numerosas organizaciones herpetológicas y de conservación de las serpientes, es uno de los organizadores de un foro de Internet sobre reptiles y anfibios, y colabora en la revista *Reptiles Magazine*.

Patricia Bartlett es bióloga e historiadora, ha escrito cinco libros y colaborado en seis. Administradora de museos durante los últimos 15 años, ha trabajado tanto en museos de historia como de ciencia. En 1985 fue galardonada con el Public Words Association Heritage Award y colabora con numerosas organizaciones locales y estatales.

ÍNDICE

PRÓLOGO

A todos los aficionados a la herpetología nos alegra saber que una serpiente de tamaño considerable puede sobrevivir en la jungla de hormigón creada por los humanos. De hecho, esto ha sucedido en realidad.

Hace treinta años, cuando Miami era una pequeña ciudad aletargada, el autor de este libro solía ver serpientes del maizal y ratoneras de las Everglades casi todos los días. Luego Miami comenzó a crecer, él se trasladó a otro lugar, y ya apenas visitaba la ciudad. El año pasado volvió allí para intentar averiguar en qué condiciones se encontraba una lagartija introducida recientemente en el lugar, conocida con el nombre de cola de látigo arco iris. Al levantar unas piedras junto a la pared de un almacén de la zona céntrica no encontró esta lagartija, aunque había muchas de ellas por todos lados, sino una bonita serpiente del maizal de tamaño medio. Estaba gorda y aparentemente sana, y no mostraba señales de sufrir más estrés por vivir en este hábitat urbano que el que pudiera padecer una de sus congéneres de la inmensa zona rural del norte de Florida. Esto nos

demuestra que las serpientes ratoneras (o al menos algunas de ellas) pueden adaptarse al medio y coexistir pacíficamente con los seres humanos.

Las serpientes ratoneras en general, y las del maizal en particular, se han convertido en el eje de una actividad comercial creciente dedicada a las serpientes como animales de compañía. Gracias a los criadores de serpientes profesionales que han depurado sus técnicas de cría, este aumento de la popularidad de las serpientes no ha supuesto un perjuicio para las poblaciones salvajes. Aunque todavía se siguen capturando algunas serpientes del maizal en su entorno natural, la mayoría de las decenas de miles que se venden anualmente son crías nacidas en cautividad.

Pero ya no se trata sólo de que las serpientes del maizal se críen en cautividad, sino que además, gracias a la cría selectiva, se han conseguido ejemplares albinos y melanísticos, y también serpientes con tonos rojos más vivos y tonos pálidos más suaves. La cría en cautividad de serpientes ratoneras (y serpientes rey) es hoy día un negocio que mueve grandes cantidades de dinero en ventas anuales.

Muchas veces sucede que la primera serpiente que tienen los aficionados es una serpiente del maizal, y a partir de ahí amplían su círculo de interés. La cría de serpientes, la herpetología y la conservación de las serpientes están íntimamente ligadas, y todas ellas son tremendamente importantes para nosotros. Al ampliar nuestros horizontes, pasando de las serpientes ratoneras de los Estados Unidos a las de Latinoamérica, Europa y Asia, hemos descubierto que no todas las «serpientes ratoneras» son en realidad ratoneras, y que no todas ellas tienen buen carácter.

En este libro hemos tratado de ofrecer una visión general de las especies de serpientes ratoneras de los Estados Unidos, Europa y, en menor medida, de Asia. Algunas de las experiencias narradas aquí fueron vividas sólo por Dick, y sucedieron antes de que nos conociéramos. Otras ocurrieron después (y algunas veces las recordamos de maneras distintas). Esperamos que nuestros comentarios en estas páginas sirvan para aumentar el interés por las serpientes ratoneras y otras serpientes, y para que aquellos que tengan reptiles a su cargo los cuiden de la mejor manera posible.

Dick y Patti Bartlett

¿QUÉ ES UNA SERPIENTE RATONERA?

Comparadas con los lagartos, a partir de los cuales evolucionaron, las serpientes llevan existiendo poco tiempo. Por lo que sabemos, las serpientes aparecieron por primera vez durante el periodo cretácico, hace unos 140 millones de años. Parece ser que la forma «serpenteante» de su cuerpo les resultó muy útil. Ciertamente, su extrema delgadez y su estrecho contorno les facilitan el acceso a zonas angostas. Existen también algunos lagartos sin patas y peces con forma de serpiente, como las anguilas.

En un sentido estricto, las serpientes ratoneras son especies terrestres y arborícolas de colúbridos procedentes de América del Norte y Central, de Europa y de Asia. Pero tal como nosotros hemos definido a las serpientes ratoneras en este libro, podríamos añadir a esta lista América del Sur y el norte de África.

Aspecto básico

La mayoría de las serpientes ratoneras parecen una barra de pan en corte transversal: redondeadas por arriba, algo aplastadas en los laterales y planas por debajo. Las escamas ventrales (o escudos) forman un ángulo a ambos lados, lo que ayuda a la serpiente a trepar. Su piel escamosa es seca al tacto. De hecho, las escamas están formadas por trozos de piel muy imbricados. Las serpientes ratoneras no poseen restos de extremidades ni de cinturón pélvico.

Los sentidos

- El «oído» es totalmente interno, y está formado por un solo hueso que se encuentra unido a la mandíbula en lugar de al tímpano. Las serpientes oyen bien los sonidos de baja frecuencia y reaccionan con presteza a las vibraciones del suelo.
- Sus ojos están protegidos por una especie de lente, una escama transparente. La vista de algunas serpientes es bastante deficiente y la de otras bastante precisa, estando las ratoneras en la cumbre de esta escala. El movimiento de los depredadores o de sus presas es percibido rápidamente.
- Tanto las partículas aromáticas que hay en el suelo como en el aire se adhieren a la lengua, y esta las pone en contacto con el órgano sensorial de

Jacobson (véase el Glosario), situado en el paladar. El análisis de las moléculas es muy preciso. Las feromonas que indican que las serpientes están dispuestas para la reproducción, y los olores de los animales que les sirven de alimento, son dos de los elementos que tienen que distinguir con frecuencia.

Respiración

Únicamente el pulmón derecho funciona plenamente. Por ello, al depender la respiración de un solo pulmón, los problemas respiratorios cobran una gran importancia.

Movimiento

El desplazamiento de la serpiente ratonera hacia delante se acompaña de un «movimiento sinuoso» hacia los lados. Las irregularidades del sustrato proporcionan tracción a estos movimientos musculares ondulantes. Cuanto más suave es la superficie, más difícil le resulta reptar a la serpiente.

Reproducción

Las serpientes ratoneras ponen huevos, a excepción de *Elaphe rufodorsata,* cuya clasificación es bastante dudosa (véase la pág. 155). El tiempo de incubación varía en función de los distintos tipos de serpientes: los huevos de algunas serpientes de clima fresco tardan unas dos semanas en eclosionar; los de otras, procedentes de climas más cálidos, necesitan más de 60 días. La fertilización es interna, llevándose a cabo con la introducción de uno cualquiera de los dos hemipenes del macho.

CONOZCA A LAS SERPIENTES RATONERAS

El término «serpiente ratonera» se utiliza de una manera genérica para designar a un grupo de serpientes no relacionadas entre sí que se alimentan a base de ratas. Sin embargo, cuando lo utilizan los americanos y los europeos, esta palabra se refiere a serpientes constrictoras, que se alimentan de ratas, y que pertenecen al género *Elaphe*, así como a unos cuantos géneros estrechamente relacionados con este. Son bastante fáciles de encontrar: dentro de las zonas geográficas donde suelen habitar pueden verse serpientes ratoneras depredadoras allí donde se concentran roedores. Ello no impide que algunos ejemplares estén dispuestos a comer polluelos si los encuentran (o incluso algunas veces huevos), pero su bocado preferido son las ratas.

Comportamiento: A pesar de ser fuertes y robustas, estas serpientes son también bastante reservadas, sobre todo y en el caso de la mayoría de las especies, durante el día. Su momento de máxima actividad tiene lugar al final de la tarde, al anochecer, y durante una hora o dos después de caer la noche. Algunas veces, en días nublados, vagan durante mucho tiempo.

Taxonomía: Hasta hace relativamente poco, todas las serpientes ratoneras de América estaban incluidas en un solo género, *Elaphe;* sin embargo, a partir de recientes investigaciones, y debido a un cambio de actitud hacia la taxonomía, las serpientes ratoneras americanas se dividen ahora en tres géneros: *Elaphe*, al que pertenecen las serpientes ratoneras típicas (incluida la del maizal, la negra y la ratonera de Baird); *Bogertophis*, que engloba a las serpientes ratoneras de Trans-Pecos y Baja California; y *Senticolis*, que incluye a las serpientes ratoneras verdes.

Disponibilidad: Hasta hace poco tiempo, el cuidado de las serpientes era una afición que compartía poca gente. Hoy día, las serpientes son mascotas muy corrientes, y lo van a ser más aún con el paso del tiempo. Si bien es cierto que hay muchas especies a la venta en el mercado, pocas de ellas ofrecen un suministro prácticamente inagotable. Esto es lo que sucede con ciertas especies que están siendo criadas en cautividad por aficionados y criadores profesionales, entre las cuales se incluyen varias serpientes ratoneras americanas, en especial la hermosa criatura que algunos llaman serpiente del maizal y otros serpiente ratonera roja. Nosotros utilizaremos el nombre de serpiente del maizal por ser el más utilizado.

¿Qué abarca este libro?

Este libro trata de las serpientes ratoneras que se pueden encontrar generalmente en el mercado de los animales de compañía. No hemos evitado hablar también de muchas serpientes ratoneras asiáticas que apenas se ven en Europa y Estados Unidos. Sin embargo, nos hemos centrado sobre todo en las fases principales (bien sean normales o logradas a través de la cría selectiva) de las serpientes americanas del maizal y ratonera negra, que juntas forman probablemente la especie del mundo que más se mantiene y cría en cautividad. Aunque se trata de un texto básico, esperamos que nuestros comentarios sirvan de ayuda tanto a neófitos como a cuidadores expertos.

El Nuevo Mundo frente al Viejo Mundo

Por extraño que pueda parecer, entre las serpientes ratoneras de todo el mundo, las americanas son algunas de las más fáciles de mantener y criar. Ello ha contribuido a que estas mascotas se encuentren fácilmente a la venta y a que sus precios sean bajos. Por el contrario, y aunque no sepamos exactamente por qué, el cuidado y sobre todo la reproducción de muchas de las ratoneras del viejo continente resulta muy difícil. Cuando se encuentran en el mercado especies del Viejo Mundo, ya sea capturadas en su medio natural o bien como crías nacidas en cautividad gracias a los pocos aficionados que logran su reproducción, los precios son altos. La compensación por su elevado coste es que los ejemplares de muchas «especies difíciles» nacidos y criados en cautividad son bastante más fáciles de mantener que los capturados en su hábitat.

Un consejo: Teniendo esto en cuenta, sugerimos que antes de comprar una serpiente ratonera pida que le dejen ver cómo se alimenta (en caso de que la vaya a comprar a un criador o tienda de su localidad), o bien que le garanticen que dicha serpiente come.

Colores y dibujos de la serpiente ratonera

Los colores y dibujos de las serpientes ratoneras se repiten por todo el mundo. Muchas de las crías recién nacidas y jóvenes presentan abundantes manchas y, a medida que crecen, estas palidecen y en algunos casos son reemplazadas por bandas longitudinales. Muchas especies que viven en zonas muy alejadas entre sí son asombrosamente parecidas en su aspecto externo; por ejemplo, el bonito dibujo de manchas en forma de silla de montar de la serpiente del maizal americana *(Elaphe g. gutatta)* se repite en la culebra leopardo europea *(E. situla)*, en la latinoamericana *E. flavirufa*, en la serpiente ratonera transcaucasiana *(E. hohenackeri)* y, en menor medida, en la serpiente ratonera china de cabeza roja *(E. moellendorfi)*. Las rayas de varias de las serpientes ratoneras europeas (entre ellas *E. quatuorlineata* y *E. scalaris)* recuerdan bastante a las rayas de la serpiente ratonera amarilla americana *(E. obsoleta quadivittata)* y a las de la japonesa *E. quadrivirgata*.

Defensas/ataques

En un extremo, dientes: Todo el mundo sabe que las serpientes muerden. Hasta la especie no venenosa más inofensiva puede morder, y lo hará, si se siente amenazada. Las serpientes ratoneras no son una excepción, e incluso aquellas que han nacido y se han criado en cautividad durante muchas generaciones muerden de vez en cuando.

Todas las serpientes ratoneras tienen dientes. Estos son pequeños y

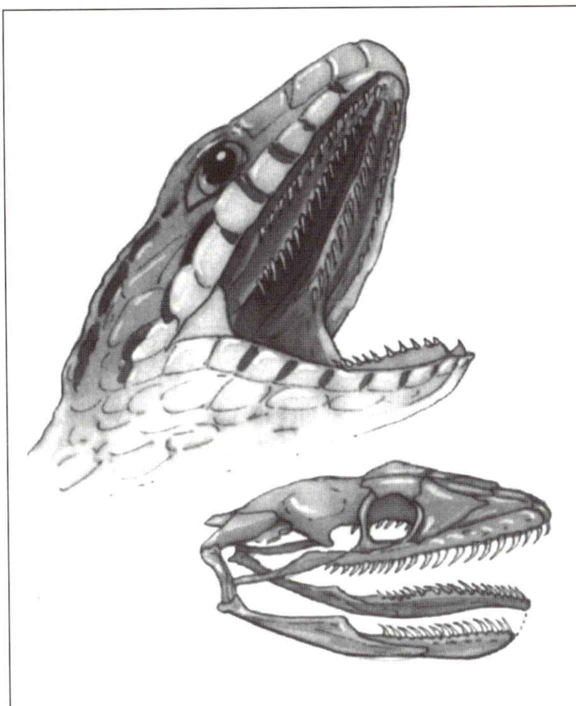

Mandíbula de serpiente donde pueden verse las múltiples filas de dientes. No es de extrañar que su mordedura cause dolor

están repartidos en varias filas (cuatro filas en el maxilar superior y dos en el inferior). Tienen forma curva para impedir que las presas se escapen una vez agarradas. Las serpientes no mastican su alimento: inmovilizan a sus presas y las tragan enteras.

Si a usted le muerde una serpiente ratonera, no trate de soltarse de golpe, ya que el animal no podrá desenganchar sus dientes con la suficiente rapidez como para evitar rasgarle la piel. Un fuerte tirón podría incluso extraer los dientes de la serpiente fuera de la mandíbula. Dele tiempo a la serpiente para que desenganche sus dientes, y luego retírese.

Pronto aprenderá cuál es la mejor manera de evitar mordeduras. No necesitará observar demasiado a su serpiente ratonera para darse cuenta de cuándo está disgustada. Si esto sucede, déjela tranquila o bien manipúlela con cuidado ayudándose de un garfio.

Si le muerde, extraiga los dientes que hayan podido quedar en la herida, lave la mordedura con cuidado y aplíquese un producto antiséptico/bactericida. Una venda le recordará que ha de tener más cuidado y despertará la compasión de sus amigos, a menos que ellos tengan también serpientes.

Además de morder, ¿qué otros medios utilizan las serpientes ratoneras para protegerse?

En el centro, músculos: Si se sienten atrapadas (especialmente por la cabeza o la nuca), se enroscan fuertemente alrededor del objeto que las retiene y tratan de liberarse. La fuerza que tienen estas serpientes es considerable.

En el otro extremo, almizcle: Además, en caso de sentirse atrapadas, las serpientes ratoneras segregan almizcle, y embadurnan a su captor con el contenido de las glándulas anales e intestinales. Esto resulta muy desconcertante y desagradable, pero no tiene graves consecuencias. Aunque probablemente sobre decirlo, lávese a conciencia si le sucediera a usted.

Argumentos a favor y en contra de la hibridación

Siempre y cuando se obtengan cruces (resultantes de la unión de dos subespecies) e híbridos (resultantes de la unión de dos especies) únicamente para el mercado de animales de compañía, a nosotros no nos parece mal este tipo de programas de cría.

Cuando algunos aficionados a la herpetología comenzaron estas prácticas, los conservadores y puristas se mostraron contrarios a ellas y, como es comprensible, continúan con su postura. Gran parte de la ola en contra de la hibridación la provocaron los propios criadores, quienes defendían la cría como una herramienta de conservación y reinserción en la naturaleza.

Ni los cruces ni los híbridos deben dejarse en libertad nunca, por mucho que se agoten la reservas en la naturaleza; en consecuencia, ni los cruces ni lo híbridos deben ser nunca otra cosa que animales de compañía. El único valor de conservación que tienen estos animales es que el hecho de que se pongan a la venta tal vez reduzca la captura de ejemplares en su medio natural.

Habría sido más aceptable si los aficionados (la inmensa mayoría de los cuales nunca van a participar en ningún programa de conservación serio) hubieran dicho simplemente: «Estamos produciendo serpientes mestizas para el mercado de los animales de compañía. Lo hacemos para ganar dinero, y el beneficio relacionado con la conservación, de producirse, será simplemente que la compra de nuestras serpientes disminuirá la demanda de poblaciones salvajes y, esperamos, aumentará el respeto por un grupo de animales muy asediado». Los conservadores y puristas se habrían alarmado de todos modos, pero uno de los argumentos que están empleando contra esta actividad habría quedado invalidado.

Pero entonces, si no criamos serpientes por razones de conservación, ¿por qué las criamos? Porque deseamos hacerlo, porque nos gustan y porque podemos aprender mucho de ellas.

Una cosa más sobre la conservación: Debe recordarse, como ya hemos dicho, que las serpientes manipuladas genéticamente nunca deben dejarse en libertad. Los seres humanos ya estamos poniendo bastante en peligro a la madre naturaleza como para añadir una amenaza más. La pureza genética debe mantenerse en los ejemplares salvajes y a nosotros nos corresponde, por nuestro propio bien, asegurarnos de que así sea, o al menos de que nuestros intentos y fracasos no contribuyan a su degradación.

COMPRAR UNA SERPIENTE RATONERA

Elegir una serpiente sana

Es mucho más fácil que una serpiente ratonera en cautividad viva un largo periodo de tiempo si está sana desde el principio. La determinación del estado de salud de un ejemplar que estemos pensando comprar puede resultar algo difícil porque, al igual que sucede con todos los reptiles, las serpientes ratoneras a veces se comportan con normalidad –sin dar señales externas de problemas de salud– hasta que están gravemente enfermas. Pero existen algunas claves que pueden ayudarle a elegir como mascota una serpiente ratonera o cualquier otra especie de serpiente.

Una serpiente ratonera arborícola recostada tranquilamente en la horquilla de un árbol

Comportamiento básico. Esta es una de las claves. Las serpientes ratoneras suelen ser bastante reservadas y sobreviven manteniéndose apartadas de posibles depredadores y buscando cobijo durante largos periodos de tiempo. Con frecuencia se mantienen al acecho en espera de sus presas: simplemente aguardan hasta que pase alguna delante de ellas. Las arborícolas suelen recostarse en silencio a lo largo de una rama fuerte o tronco inclinado. Esta actitud relajada puede hacer pensar que no están alertas, pero nada más lejos de la realidad.

Preguntar a un experto. Hasta que usted conozca bien a las serpientes ratoneras y se familiarice con su comportamiento normal, lleve a una persona entendida en la materia cuando vaya a elegir una. Seleccione una serpiente que muestre una actitud alerta cuando se la moleste. Tenga en cuenta que algunas especies son por naturaleza más beligerantes que otras. Las serpientes del maizal, por ejemplo, son bastante tranquilas. En ese momento el conocimiento y la experiencia –si no los suyos, los de otra persona– pueden servir de mucha ayuda. Además de buscar una serpiente tranquila, si es usted principiante elija un tipo de serpiente ratonera que sea resistente.

¿La serpiente que hemos elegido come? Cuando elija una serpiente, observe su aspecto general. Compruebe su tamaño y peso corporal. Aunque algunas especies son normalmente más delgadas que otras, un pliegue longitudinal de la piel a los lados, o un plisado «en acordeón» no son buena señal. A veces no es posible conseguir que una serpiente ratonera engorde. Pregunte al vendedor sobre la serpiente, tanto si se trata de un particular como de un comerciante. Averigüe si el ejemplar en cuestión se está alimentando y, si es posible, vea cómo lo hace.

Estornudos. Pregunte si la serpiente estornuda. Una serpiente que estornude podría padecer una infección respiratoria; si respira con dificultad puede significar que tiene trematodos en los pulmones. Ambos problemas son difíciles de diagnosticar en una serpiente viva, y un diagnóstico postmortem resulta frustrante para el cuidador e inútil para la serpiente.

¿Morderá? Pregunte si puede coger con las manos a la serpiente. Una serpiente que no golpee con fuerza cuando se le acerca una mano siempre será más fácil de cuidar una vez que esté en casa.

Muchas serpientes ratoneras son animales maravillosos que viven mucho tiempo si reciben los cuidados apropiados. No es raro que una serpiente ratonera de cualquier tipo sobrepase los diez años de vida en cautividad. Si usted elige bien su ejemplar o ejemplares, lo más probable es que pronto llegue a ser un aficionado satisfecho.

Manejo: lo que se debe y lo que no se debe hacer

Utilice un garfio. Aunque muchas serpientes ratoneras no se oponen a una manipulación cuidadosa, otras nunca llegan a acostumbrarse. Esto sucede sobre todo con muchas de las especies de ratoneras asiáticas, algunas de las cuales no sólo se agitan con fuerza cuando se las coge, sino que muerden indiscriminadamente. Estas serpientes deben considerarse animales de exhibición, sólo para ser contempladas y apreciadas, y deben manipularse y moverse con un garfio, nunca con las manos.

Utilice una caja. Incluya una caja de cartón o escondrijo de plástico en el terrario. Muchos ejemplares permanecen casi siempre tranquilamente dentro de su refugio. Si el escondrijo tiene una base resistente, se podrá levantar y cambiar de sitio con la serpiente dentro sin molestar al animal.

Sea amable. Cuando coja a una serpiente ratonera, recuerde que incluso un ejemplar bastante pequeño puede morder y hacer daño si no se sujeta sin cuidado. Ciertos especímenes cuyo manejo suele ser relativamente fácil, como sucede con las serpientes del maizal y las serpientes ratoneras amarillas, se molestan si se las agarra repentinamente. Maneje con suavidad todos los ejemplares. No golpee el cristal del terrario ni la parte delantera del mismo y, si su ani-

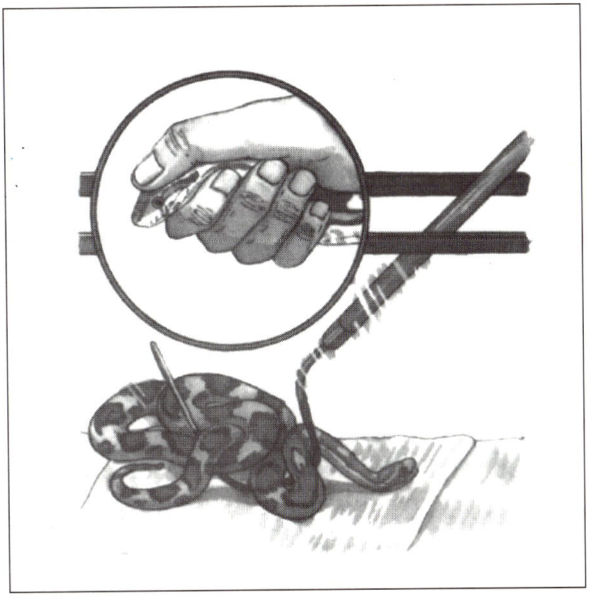

Utilice un garfio para mover a especies que no se acostumbren a ser cogidas con las manos

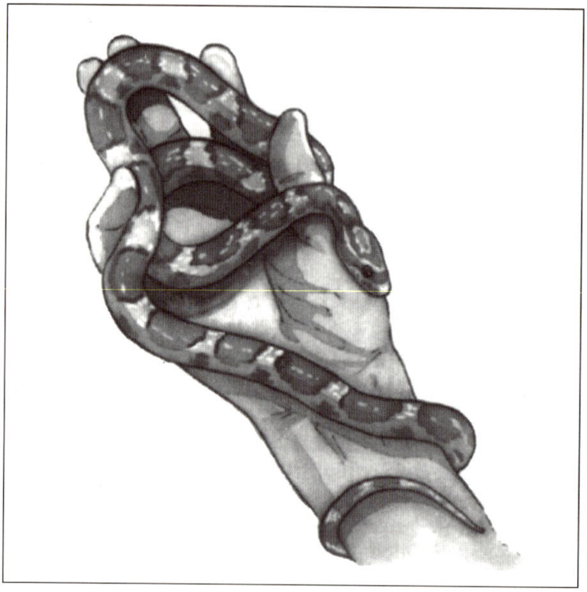

Una manipulación amable tranquiliza a la mayoría de las especies de serpientes ratoneras

mal muestra resistencia a que lo cojan, manipúlelo primero con un garfio.

Aunque su serpiente le muerda, no la suelte. Si lo hace, podrían resultar dañados algunos de sus órganos internos o romperse algunos huesos. Aunque las especies arborícolas pueden estar algo más acostumbradas a caerse de vez en cuando, no por ello deben manejarse sin cuidado.

Cuestiones relacionadas con la localización

La afición al cuidado de los reptiles no se limita, claro está, a una parte de los Estados Unidos, Europa o Asia; sin embargo, no hay duda de que es más fácil adquirir reptiles en ciertas zonas de esas regiones que en otras.

Vendedores

En Estados Unidos, los principales tratantes de reptiles se encuentran en California, Florida y Nueva York. Los reptiles son enviados por avión desde las principales ciudades de estos estados a mayoristas de otra ciudades quienes, a su vez, los distribuyen a tiendas de animales y, en algunos casos, a criadores de serpientes. Muchas veces estos negocios se solapan.

En Europa, deberá consultarse con los principales países importadores (Holanda y Alemania). En España, las principales ciudades con importadores conocidos son Barcelona, Madrid y Sevilla.

Tiendas de animales

Aunque la mayoría de las tiendas de animales pueden proporcionar una buena información sobre los animales que venden, algunas confían en la información que les han proporcionado sus distribuidores. Por desgracia esta información, incluso en los casos en que es inexacta, suele transmitirse sin que nadie la desmienta.

Existen algunos datos que, lógicamente, un establecimiento puede desconocer. Entre ellos se encuentra el origen de un ejemplar capturado en su medio natural y la genética de especímenes criados en cautividad, tanto si su aspecto es normal como si no lo es. Recuerde que la tienda de su localidad es el segundo, o incluso el tercer o cuarto lugar por el que pasa el ejemplar desde su lugar de origen.

Tratantes especializados

El continuo aumento de popularidad de los reptiles ha favorecido la especialización de los tratantes. Los tratantes especializados a veces crían ellos mismos a los reptiles y tratan directamente con otros criadores de todo el mundo. Suelen estar más preparados para responder a nuestras preguntas. Sus ejemplares importados, por lo general, están ya aclimatados, han sido alimentados y con frecuencia se han sometido a un examen médico realizado por un veterinario. Normalmente estos tratantes especializados son los que tienen a la venta la mayor variedad de serpientes ratoneras de todo el mundo.

Criadores

Los criadores, ya sean aficionados o profesionales, son probablemente la mejor fuente para conseguir información precisa y ejemplares libres de parásitos y acostumbrados a la vida en

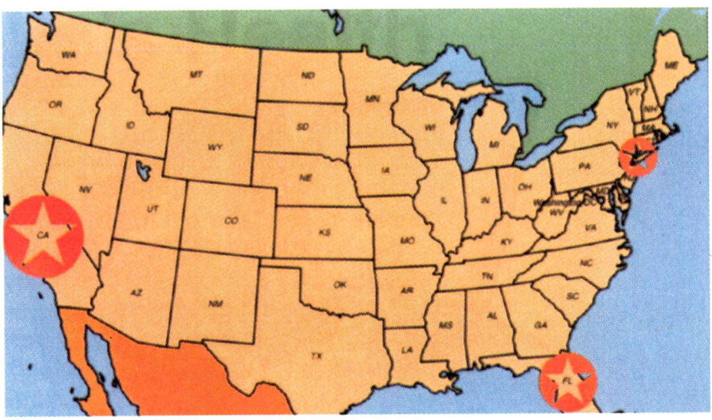

Si desea comprar directamente a un tratante, busque uno en Nueva York, California o Florida

cautividad. La mayor parte de los criadores llevan un registro de la genética, el linaje, la fecundidad, la salud y las peculiaridades de los reptiles con los que trabajan. Estos registros están siempre a disposición de sus clientes.

¡Esto no es lo que yo encargué! Tenga en cuenta que la mayoría de las especies de serpientes ratoneras cambian de color y/o de dibujo (algunas veces por completo) a lo largo de su dilatada vida. Algunas de ellas tienen manchas y son pálidas en su infancia y luego presentan rayas y vivos colores en su edad adulta; otras son una versión más pequeña y pálida de los adultos. Aunque un criador o tratante puede saber el aspecto que tiene un ejemplar adulto reproductor, es imposible garantizar que sus descendientes vayan a ser idénticos. Al fin y al cabo, nosotros no somos exactamente iguales a nuestros padres. Los buenos tratantes y criadores harán lo posible por proporcionarle ejemplares de la mejor estirpe posible, pero a pesar de los esfuerzos de su proveedor, al alcanzar la edad adulta su serpiente puede acabar teniendo unos colores más pálidos o más intensos que los de sus padres, o bien muy parecidos. Prepárese para cualquier eventualidad.

Envío aéreo, si es necesario

Existen bastantes probabilidades de que el ejemplar o ejemplares que usted busca los tenga sólo otro tratante o criador que viva muy lejos de su localidad. En tal caso, tendrán que enviarle las serpientes ratoneras por avión. A un aficionado que no haya hecho esto nunca, el envío aéreo le puede parecer complicado. Asegúrese de que su suministrador esté acostumbrado a realizar envíos, y él estará encantado de ayudarle en la medida de lo posible.

Existen muchas cosas a tener en cuenta cuando se va a realizar un transporte aéreo, entre ellas el método de pago que se va a utilizar, el mejor momento para realizar el envío, a dónde debe realizarse el envío y cuál es la compañía aérea más adecuada para ello. Veamos algunas de las posibilidades.

Pago

Debe acordarse y concretarse bien en el momento del encargo, pero se ha de tener en cuenta que el cliente, por lo general, tiene que pagar el animal y los gastos de envío por adelantado. Probablemente sea necesario mandar un cheque bancario o un giro postal al fletador, o bien proporcionarle un número de tarjeta de crédito o realizar una transferencia de fondos a su cuenta. Muchos fletadores aceptan cheques personales, pero no envían el encargo hasta después de cobrar (por lo general se tarda menos de una semana).

Otro método es el pago contra reembolso. Sin embargo, puede ser caro y poco conveniente. La mayoría de las compañías aéreas aceptan dinero al contado sólo por la cantidad establecida por el envío y entrega, y hay que añadir una fuerte comisión por cobro (más de 15 dólares) a todos los demás gastos.

Envíos por avión

• Facilite a su suministrador su nombre completo, dirección y números de teléfono donde se le pueda localizar de día y de noche.

• Diga al fletador qué aeropuerto desea utilizar, o acuerde que le hagan llegar la serpiente a casa con una empresa de reparto. Si en su zona hay más de un aeropuerto, deje muy claro cuál es el que se va a utilizar.

• Acuerde una fecha y pregunte el número de manifiesto de carga al proveedor. Evite los fines de semana, cuando los departamentos de expedición de la mayoría de los aeropuertos pequeños están cerrados. Algunos fletadores van al aeropuerto sólo una o dos veces por semana. Calcule la fecha de entrega de antemano y no se alarme demasiado pronto: la mayoría de los envíos tardan unas 24 horas en llegar desde el aeropuerto de origen hasta el de destino. Puede ser menos tiempo si tiene la suerte de que haya vuelos directos; y más si en su zona hay pocos vuelos y el envío tiene que pasar de una compañía aérea a otra.

• Siempre que sea posible, utilice sólo una compañía aérea. Cuando se

Abra el paquete y compruebe el estado de las serpientes

trata de animales vivos, hay que pagar a todas las compañías que participen en el envío.

• Tramite el envío sólo en las épocas de buen tiempo. Cuando hace mucho calor, mucho frío o en épocas de vacaciones, de viajes o de numerosos envíos pueden producirse retrasos.

• La mayoría de las compañías aéreas ofrecen tres opciones: la de «espacio disponible», que suele ser la más utilizada; «air express», que le garantiza el vuelo; o envío de «paquetes pequeños», que es el servicio más rápido. En las dos últimas opciones tendrá que pagar alguna prima, pero a veces las compañías sólo la exigen cuando las condiciones del envío son desfavorables. Conviene comparar precios, dado que algunas compañías cobran mucho más que otras por los mismos servicios.

Llegada del encargo

Después de un tiempo razonable, llame por teléfono a la compañía aérea en la que viaje su paquete para informarse sobre el mismo. La compañía necesitará el número del billete para buscar el envío en el ordenador.

Recoja su envío lo antes posible tras su llegada. Esto es especialmente importante si hace mal tiempo. Infórmese del horario del departamento de expedición y pregunte si es posible recoger el paquete en el mostrador de billetes en el caso de que llegue cuando este departamento se encuentre cerrado.

Tendrá que pagar por el envío (incluido todos los gastos por el cobro contra reembolso) antes de poder inspeccionarlo. Una vez que le entreguen el paquete, ábralo e inspecciónelo antes de salir del departamento de expedición.

Si hay algún problema: A menos que se especifique lo contrario, los fletadores fiables garantizan que el envío llegue con vida a su destino; sin embargo, para confirmar la existencia de un problema, tanto los fletadores como las compañías aéreas exigen que el personal de la compañía aérea rellene un formulario de reclamación con fecha y firma. En el supuesto caso (poco probable) de que surja un problema, insista en que se rellene la reclamación en ese mismo momento y póngase en contacto con su fletador inmediatamente para que le indique qué debe hacer.

Después de la primera vez ya no le parecerá complicado el envío de serpientes por avión, y el conocer el sistema le brindará nuevas posibilidades de compra.

LA SALUD DE LAS SERPIENTES RATONERAS

Muda

La edad y el estado de salud de su serpiente ratonera serán determinantes en la frecuencia con la cual mude la piel. Una cría sana y que crezca con rapidez mudará la piel varias veces al año, bastante más a menudo que un ejemplar adulto que crezca lentamente o uno enfermo. Sin embargo, cuando una serpiente está infestada por ácaros o padece lo que se llama «enfermedad de las pústulas» (véase página 36), seguramente entrará en un ciclo de muda rápida con independencia de la edad que tenga. Si se elimina el elemento irritante (haciendo desaparecer los ácaros o limpiando y secando el terrario), toda evidencia de la enfermedad seguramente desaparecerá tras dos o tres mudas.

Las serpientes ratoneras adultas mudan la piel poco después de salir de la hibernación. Después de esta muda de primavera, la mayor parte de estas serpientes han iniciado el ciclo de la cría, o bien lo están iniciando. Las hembras vuelven a mudar antes de la puesta de huevos.

El proceso de muda (también denominado cambio de piel o, con más propiedad, *ecdisis*) es el resultado de una actividad de la glándula tiroides. Una semana aproximadamente antes de la muda, cuando la piel antigua comienza a desprenderse de la nueva que crece debajo, la piel de la serpiente puede perder intensidad de color y adquirir un tono grisáceo o plateado. Los ojos del animal se tornan azulados de manera temporal. Coloquialmente, cuando una serpiente está atravesando esta fase se dice que está opaca o azul. Durante dicha época las serpientes pueden mostrarse más irritables, lo que puede deberse a los cambios que se producen en su cuerpo o simplemente a que no pueden ver tan bien como siempre y por lo tanto se sienten más vulnerables. Tras la muda recuperan la intensidad de colorido y de dibujo que tenían con anterioridad.

Aunque las serpientes, cuando viven en su medio natural, raramente tienen problemas para mudar su piel, no siempre sucede lo mismo con las que viven en cautividad. Las dificultades pueden deberse al estrés que padecen las serpientes recién importadas, a la deshidratación, al hambre o a un falta de humedad relativa en el terrario.

Cómo se produce la muda

Por lo general, la serpiente sencillamente frota su nariz contra una roca o rama del terrario para despegar la piel, luego sujeta el borde de la piel contra la roca o rama y sale de ella reptando. Es importante que no quede ningún resquicio de la piel antigua pegado a la serpiente. Si la serpiente parece tener dificultades en el proceso de muda, colóquese al animal dentro de una bolsa de tela húmeda durante la noche (asegurándose de regular la temperatura). De este modo suele aflojarse la piel vieja y la serpiente continúa con el proceso de la muda. Algunas veces, tal vez haya que ayudar a desprender la vieja piel manualmente si se resiste demasiado.

Un consejo: Recuerde que las escamas transparentes que cubren los ojos, o cápsulas oculares, deben desprenderse con el resto de la piel. Examine la antigua epidermis para comprobarlo. Algunas veces la piel vieja se queda pegada al extremo de la cola o a los ojos. Si el cuidador no la desprende manualmente (con sumo cuidado), la piel seca puede dificultar la circulación sanguínea, lo que provocaría la pérdida del extremo de la cola o, en el caso de los ojos, una disminución de la vista y, con el tiempo, la ceguera. Si se quedan trozos de piel pegados, un rociado suave con agua templada puede ayudar a la serpiente a desprenderse de ellos. Utilice unas pinzas con mucho cuidado para

Una vez aflojada la piel, el proceso de muda dura sólo unos minutos

A medida que la serpiente sale reptando de la piel antigua, esta se va dando la vuelta. Asegúrese de que se desprenden también las cápsulas oculares

desprender las cápsulas oculares. Si no está seguro de si se han desprendido o no, busque la ayuda de alguien que tenga más experiencia.

Evite problemas de muda aumentando la humedad relativa (para lo cual basta con rociar de vez en cuando a la serpiente cuando se está preparando para la muda) y manteniendo la buena salud del animal.

Cuarentena

Para evitar la transmisión de enfermedades y la introducción de parásitos, hay que someter a un periodo de cuarentena a los ejemplares nuevos. Lo ideal es un mes, pero incluso una semana es mejor que nada. Durante la cuarentena, observe a su nueva serpiente con frecuencia. Compruebe si tiene ácaros (diminutos parásitos de ocho patas del tamaño de un punto) y garrapatas (ectoparásitos algo más grandes). Manténgase alerta ante las señales de peligro habituales: respiración dificultosa, estornudos o deposiciones muy frecuentes y líquidas. Haga que un veterinario especializado en reptiles le analice una muestra de heces antes de colocar al nuevo ejemplar con los que ya tiene. Si el animal en cuestión ha sido capturado en su hábitat natural, es posible que tenga garrapatas (habrá que quitarlas una por una), o bien que esté infestado por ácaros, los cuales deberán erradicarse de inmediato. La zona de la cuarentena debe estar totalmente separada de la del resto de los reptiles, preferiblemente en otra habitación. Lávese las manos después de manipular a sus ejemplares nuevos o antiguos.

Limpieza

Limpie el terrario en el que se va a realizar la cuarentena antes de introducir a la nueva serpiente (o serpientes), y con regularidad durante todo este periodo. Utilice un producto desinfectante líquido o un pulverizador que contenga alcohol diluido para limpieza, y seque el recipiente antes de volver a meter dentro al animal. Ajuste el terrario a las necesidades de la serpiente en términos de temperatura, alimentación, humedad, tamaño, iluminación y otros factores tales como la cantidad de espacio disponible.

Para limpiar sus terrarios utilice un producto desinfectante que no contenga fenol

El final de la cuarentena

Una vez que usted (y su veterinario) estén totalmente seguros de que su nuevo ejemplar goza de buena salud y de que se ha habituado a su nuevo entorno, puede acercarlo a otros ejemplares.

¿Para qué tomarse tantas molestias? Este periodo de cuarentena es importante. Durante esta fase de aislamiento podrán detectarse la mayoría de problemas de salud, tanto si son incipientes como si se hallan en estado avanzado. Es posible establecer ritmos de alimentación, y el animal puede al menos empezar a acostumbrarse a la presencia de personas cerca de su habitáculo. La cuarentena permite evitar posteriores problemas de salud.

La parte de la medicina veterinaria que se dedica a los reptiles es un campo especializado, y no todos los veterinarios están dispuestos a trabajar con reptiles. Nosotros recomendamos que se busque a un veterinario especialista en reptiles antes de que se necesiten sus servicios con carácter de urgencia.

Problemas de salud y sus tratamientos

Estrés

El estrés puede causar problemas a los reptiles al igual que a otros animales. Las serpientes capturadas en su medio natural son más propensas a padecer problemas relacionados con el estrés que las que se han criado en cautividad. La tensión que genera su captura, envío y encierro en un terrario se acumula, por lo que habrá que esforzarse por eliminar ese estrés. Para ello conviene proporcionar a las serpientes un hábitat artificial donde se sientan seguras (con un refugio,

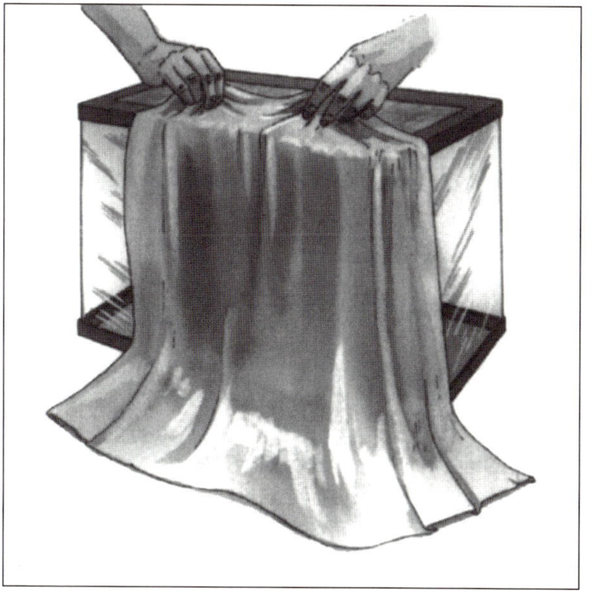

Si sus nuevas serpientes son muy nerviosas, cubra el cristal delantero del terrario

ramas, un sustrato adecuado, agua y comida) y situar el terrario en una zona poco transitada. Tal vez sea necesario cubrir temporalmente la parte delantera del terrario con papeles de periódico para que la serpiente se sienta más segura. Las especies muy nerviosas, como la serpiente ratonera verde de cola roja, las de cola a rayas y la mandarina, invariablemente presentan más problemas de estrés que otras más tranquilas, como las serpientes del maizal y las serpientes ratoneras negras. Si se hace todo lo posible por reducir el estrés en cautividad, será más fácil que la vida de las serpientes ratoneras sea sana y duradera.

Quemaduras, mordiscos y abscesos

Para prevenir estos problemas sólo es necesario que el cuidador sea un poco precavido.

Quemaduras: Las bombillas y artefactos incandescentes deben situarse en una parte del terrario a la que no pueda llegar la serpiente, o bien se han de tapar los artefactos con una cubierta de alambre resistente. Asegúrese de que la superficie de las rocas o bloques calientes no supere los 35 °C. Si su serpiente se quema, enfríe la zona quemada y aplique un vendaje seco y limpio hasta que la lleve al veterinario.

Mordeduras: Una serpiente ratonera puede ser mordida por su presa. Algunas ratas son capaces de morder mientras la serpiente las oprime, y un roedor que se deja en el terrario sin vigilancia también puede llegar a morder a su depredador, pudiendo ocasionarle una herida grave o una desfiguración permanente. Estos incidentes no son raros, y se producen por culpa de la falta de cuidado de los propietarios.

Evite esta posibilidad sacrificando previamente a los roedores que vayan a servir de alimento a sus serpientes. Para ello, agarre al roedor por la cola y hágalo girar de modo que su cabeza se golpee fuertemente contra el borde de un tablero o del terrario. No crea que su serpiente es capaz de matar siempre a su presa limpia y rápidamente. Algunas veces no es así.

En ocasiones, las serpientes ratoneras se muerden unas a otras durante la fase de reproducción. Los machos recluidos en un espacio pequeño, cuando compiten por una hembra, pueden morderse unos a otros como parte del proceso de cortejo, y a veces el macho muerde a la hembra en la parte trasera el cuello durante el apareamiento. Si la agresión continúa, tal vez no quede otro remedio que separar a las serpientes, pero es fácil recibir algún mordisco en el intento. Debe recordarse que no hay que retirar la mano bruscamente si es mordida, ya que al hacerlo podrían salirse los dientes de la mandíbula de la serpiente, provocando una infección. Unos guantes de jardinería normales ayudan a proteger las manos, pero procure moverse con lentitud.

Abscesos: Si una quemadura o mordisco en una serpiente ratonera no se esteriliza y cura adecuadamente puede dar lugar a la formación de abscesos. Algunos de ellos sanarán con el tiempo y se caerán por sí solos o frotándolos, pero otros pueden precisar una extracción quirúrgica. Consulte a su veterinario especializado en reptiles.

Enfermedades respiratorias

Debido a que las serpientes poseen sólo un pulmón en funcionamiento, es fundamental que las afecciones respiratorias se identifiquen y traten adecuadamente. Su causa puede ser bacteriana, vírica o incluso debida a un parásito. Una medicación que sea eficaz para una especie de serpiente quizá no funcione tan bien con otras especies, y algunos fármacos ideales para curar un problema respiratorio dado son a veces tan nefrotóxicos que pueden matar a la serpiente si está ligeramente deshidratada. Ciertas bacterias son resistentes a los antibióticos tradicionales, tales como la ampicilina, amoxicilina, tetraciclina y penicilina.

Qué hacer: Es crucial que un veterinario determine la sensibilidad de la bacteria presente. Si una enfermedad respiratoria empeora, puede resultar fatal. Usted podrá ayudar a su mascota elevando la temperatura del terrario y reduciendo la humedad relativa. Dado que algunas enfermedades respiratorias son contagiosas, se debe poner en cuarentena a la serpiente enferma en un terrario aparte, y preferiblemente en una habitación distinta.

Estomatitis (boca pútrida o chancro bucal)

La estomatitis es una enfermedad insidiosa y bastante común que muchas veces no se corrige, y que puede ocasionar una desfiguración permanente e incluso la muerte de la serpiente. El estrés, las heridas en la boca y las condiciones de insalubridad en el terrario son causa de esta enfermedad. Se caracteriza por la aparición de zonas cubiertas de un exudado blanco, parecido al queso, a lo largo de las encías de la serpiente. A veces esta materia abunda tanto que obliga al animal a mantener los labios separados. La serpiente se siente incómoda, por lo que una vez detectada esta enfermedad debe limpiarse el exudado de la boca. Para ello utilice bastoncillos de algodón y luego lave las zonas afectadas con agua oxigenada. Las sulfamidas (sulfametacina es la más adecuada) son eficaces contra la bacteria que causa esta enfermedad.

Tal vez el veterinario aconseje que se utilice otro antibiótico. La completa erradicación de una estomatitis puede requerir hasta dos semanas de tratamiento diario.

Pústulas (enfermedad vesicular)

Diagnóstico: Si su serpiente ratonera presenta diminutos abultamientos blancos o nódulos sobre la piel, tanto usted como su serpiente se encuentran ante un problema. Aunque esta afección de la piel se suele asociar con la suciedad del agua y del terrario (en raros casos con la existencia de parásitos), la enfermedad de las pústulas algunas veces aparece simplemente cuando la humedad del terrario es excesivamente elevada, o cuando el substrato está continuamente húmedo. Puede ser una enfermedad fatal si no se detecta y trata a tiempo.

Tratamiento: Si la causa del problema son los ácaros, limpie el terrario y siga las instrucciones indicadas para su eliminación en la página 37.

Cuando la enfermedad está causada por un exceso de humedad, comience por limpiar y esterilizar el terrario. Cambie el sustrato, coloque un recipiente para el agua de menor tamaño y quite las plantas si las hay. Asegúrese de mantener el terrario en estas nuevas condiciones de limpieza.

Si la enfermedad es incipiente, y siempre que se eliminen los agentes causantes de la misma, la serpiente entrará en un «ciclo rápido de muda» y solucionará ella misma el problema con dos o tres mudas.

Si el mal se encuentra en un estado avanzado y se han dañado los tejidos subyacentes, será necesario abrir cada pústula y limpiar la zona diariamente (durante 7-14 días) con Betadine (yodo) diluido y agua oxigenada. Entonces la serpiente entrará también en un ciclo rápido de muda, y después de un par de mudas la piel deberá mostrar un aspecto normal.

Ectoparásitos

Garrapatas: Las serpientes en libertad y las que viven en cautividad pueden desarrollar ácaros y garrapatas. Las garrapatas son más fáciles de tratar dado que son más grandes y se presentan en concentraciones pequeñas, siendo por ello también más sencillas de ver y eliminar. Para extraer una garrapata, cúbrala antes con una capa de vaselina con mucho cuidado, o bien aplique unos toquecitos con alcohol. (Utilice un bastoncillo de algodón si no quiere hacerlo con los dedos.) Después de unos minutos, la garrapata se soltará y usted podrá tirar suavemente de ella con unas pinzas. Compruebe que las partes chupadoras salen intactas, y aplástela antes de tirarla a la basura.

Ácaros: Los ácaros son más difíciles de combatir debido a su reducido tamaño y a su abundancia. Un insecticida penetrante que actúe en el ambiente, como el que contiene una «tira antiparásitos», es un excelente remedio que evita la necesidad de manipular a la serpiente. Quite el plato del agua y cuelgue una tira cuadrada (de aproximadamente 2,5 cm de lado para un tanque de unos 40 litros; 2,5 x 5 cm si el tanque es de unos 80 litros) en un recipiente perforado, bien sea dentro del terrario o sobre la tapa de tela metálica. La serpiente no debe tocar la tira. Deje la tira durante unos 3 o 4 días, quítela (puede guardarla en un bote de cristal bien cerrado), y vuelva a colocar el plato del agua. Dado que la tira no mata a los huevos de los ácaros, habrá que repetir el tratamiento del terrario y de la serpiente 9 días más tarde, cuando estos hayan abierto. Otra posibilidad consiste en inyectar Ivermectina, que puede ser adiministrada por el veterinario.

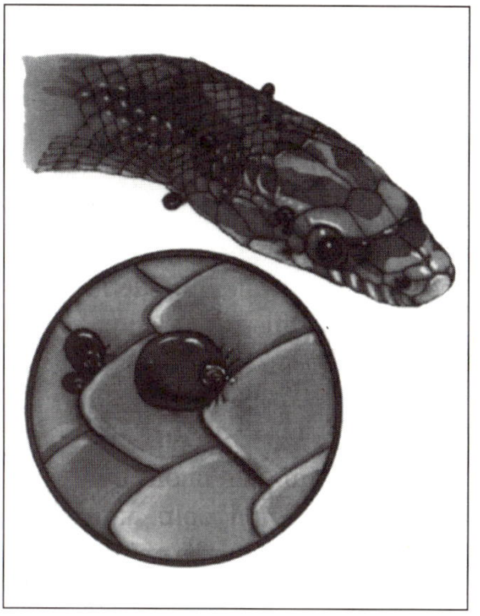

Las garrapatas se agarran a las escamas con la boca

Endoparásitos

Diagnóstico y tratamiento: Muchos reptiles, incluso aquellos que nacen y se desarrollan en cautividad, pueden llegar a tener parásitos internos. Cuando se hallan presentes en cantidad suficiente, los parásitos a veces hacen que las deposiciones sean anormales (blandas, líquidas, con mucosidad o con sangre). Un veterinario cualificado debe analizar periódicamente muestras fecales, urinarias y de la mucosa para determinar si hay endoparásitos. De ser así, deben eliminarse. Debido a la dificultad de identificación de los endoparásitos y a la necesidad de administrar dosis de purgantes dependiendo del peso corporal, la erradicación de los parásitos internos debe dejarse en manos de un veterinario cualificado especialista en reptiles. La información que presentamos a continuación no pretende fomentar la realización de diagnósticos y la administración de medicamentos en casa. Debe considerarse

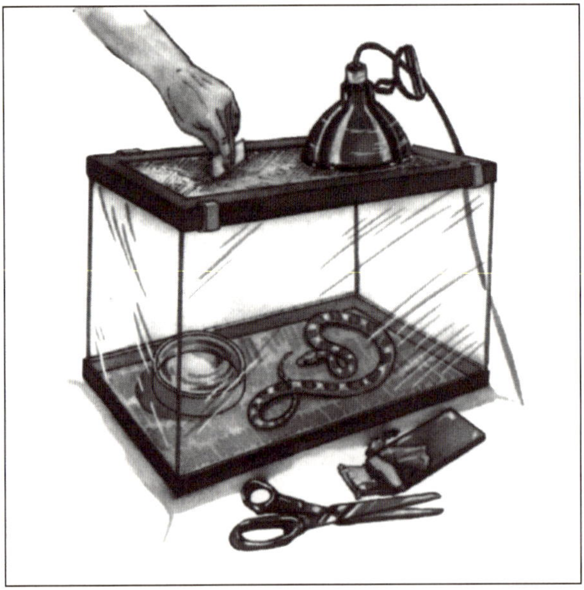

Colóquese un trozo de tira antiparásitos encima del terrario para destruir a los ácaros

simplemente como lo que es: una mera orientación. He aquí algunos de los medicamentos y dosis recomendadas.

Amebas y trichomonas

Metronidazol: 75-250 mg/kg por vía oral. El tratamiento debe repetirse a las dos semanas.

También puede utilizarse **dimetridazol,** pero la dosis es muy diferente: 40-50 mg administrados diariamente durante 5 días. Debe repetirse el tratamiento a las 2 semanas.

Coccidios

Existen muchos tratamientos posibles. Las dosis de **sulfadiacina, sulfameracina** y **sulfametacina** son idénticas: administrar 75 mg/kg el primer día, luego seguir con 45 mg/kg durante los 5 días siguientes. Todos estos tratamientos se administran por vía oral una vez al día.

Sulfadimetoxina: Es también eficaz. La dosis inicial es de 90 mg/kg administrada por vía oral, para seguir con 45 mg/kg durante los 5 días siguientes, también por vía oral. Todas las dosis se administran una vez al día diariamente.

Trimetoprim-sulfametoxazol: La dosis es de 15 mg/kg administrada una vez al día durante 10 días.

Cestodos (tenia)

Existen varios tratamientos eficaces.

Bunamidina: Puede administrarse por vía oral en una dosis de 50 mg/kg. Catorce días después se administrará un segundo tratamiento.

Abreviaciones médicas

mg = miligramo (1 mg = 0,001 gramos)

kg = kilogramo (1.000 gramos)

mcg = microgramo (1 mcg = 0,000001 gramos)

IM = Por vía intramuscular

IP = Por vía intraperitoneal

PO = Por vía oral

Niclosamida: Administrada por vía oral, en una dosis de 150 mg/kg, es también muy eficaz. Después de dos semanas se administra un segundo tratamiento.

Praziquantel: Puede administrarse por vía oral o intramuscular. La dosis es de 5-8 mg/kg y se repite a las 2 semanas.

Trematodos

Praziquantel: Pueden administrarse 8 mg/kg por vía oral o intramuscular. El tratamiento se repite a las 2 semanas.

Nematodos (gusanos redondos)

Hay varios tratamientos eficaces.

En la mayoría de las serpientes ratoneras pueden verse variaciones de color que se producen de manera natural. Esta es una serpiente ratonera amarilla de tono extraño, procedente de Lee County, Florida

Levamisol: Es un tratamiento inyectable intraperitoneal, y debe administrarse en una dosis de 10 mg/kg. Se repite el tratamiento a las 2 semanas.

Ivermectina: Es eficaz inyectada por vía intramuscular en una dosis de 200 mcg/kg. Debe repetirse el tratamiento a las dos semanas. La Ivermectina puede ser tóxica para algunas especies.

Tiabendazol y Fenbendazol: Sus dosis son similares. Ambos se administran por vía oral en cantidad de 50-100 mg/kg, y se repite a los 14 días.

Mebendazol: Se administra por vía oral una dosis de 20-25 mg/kg y se repite a los 14 días.

TERRARIOS PARA LAS SERPIENTES RATONERAS

Las indicaciones que presentamos a continuación se refieren al alojamiento de la mayor parte de las especies y subespecies de serpientes ratoneras «fáciles». Entre ellas se encuentran diversas subespecies de serpientes del maizal, ratoneras negras y de Baird *(E. guttata ssp., E. obsoleta ssp., E. bairdi,* respectivamente), muchas de las serpientes ratoneras de cola rayada, las subespecies de *E. taeniura* y otras especies de tamaño similar. Para algunas de las especies más difíciles, veáse el apartado de este libro que presenta una lista de especies (a partir de la página 78).

Hoy día, para comprar un terrario basta con ir a una tienda de animales, donde venden terrarios fabricados especialmente para serpientes y acuarios que pueden convertirse perfectamente en buenos terrarios para reptiles. Elegir un terrario básico es fácil; lo difícil es decidir si se desea que este tenga una decoración interior sencilla o muy elaborada, dependiendo del tiempo que deseemos dedicar a su mantenimiento.

Un simple acuario puede servir de terrario

El sencillo estilo americano

A lo largo de los años, los norteamericanos aficionados a la herpetología se han hecho famosos por el hecho de albergar a sus serpientes de la forma más sencilla y práctica posible. Ellos optan por lo mínimo indispensable a la hora de organizar un terrario. Muchos aficionados comienzan por un acuario vacío, o incluso por una caja de plástico, e incluyen poco más que una base absorbente formada por papel de periódico, papel de cocina o serrín de álamo, un recipiente para agua que no vuelque fácilmente y un escondrijo. Las especies más resistentes de serpientes ratoneras no parecen tener problemas para vivir en este tipo de habitáculo tan espartano, y algunas de ellas (como las serpientes del maizal) incluso se reproducen en ellos.

- En muchas ferreterías y grandes almacenes venden cajas para guardar ropa y objetos varios que pueden servir como terrarios. Asegúrese de que las tapas cierran bien, o de que se pueden ajustar con cinta adhesiva o velcro. Los acuarios, por supuesto, pueden adquirirse en casi cualquier tienda de animales, y las tapas de tela metálica son fáciles de conseguir.

Si se utilizan cajas de plástico como terrarios, debe proporcionarse suficiente ventilación, para lo cual es preciso abrir orificios perforando con un taladro o bien derritiendo el plás-

Las serpientes más pequeñas pueden alojarse en cajas de plástico de las que se utilizan para guardar ropa

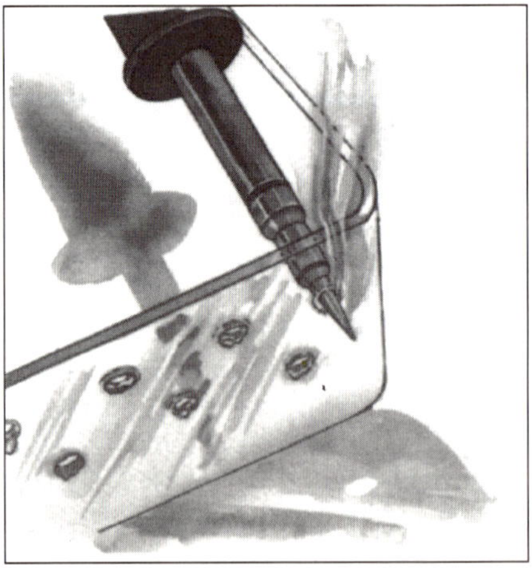

Utilice un soldador para perforar la caja de plástico con el fin de dotarla de orificios de ventilación

En el mercado se pueden adquirir estanterías especialmente diseñadas para guardar muchas cajas

tico, con el fin de que se renueve el aire y evitar la acumulación de humedad. Es preferible practicar orificios de ventilación al menos en dos lados del terrario, y por lo general se ventila por los cuatro costados. Si se va a alojar a una serpiente ratonera procedente de tierras áridas, debe haber ventilación también por la parte superior.

• En la actualidad se venden estanterías en las que se acoplan una docena de cajas de plástico o más, y muchas de ellas llevan cables calefactores incorporados. Se anuncian en la mayoría de las revistas sobre serpientes y en muchas exhibiciones de reptiles.

• Los acuarios de cristal pueden orientarse vertical u horizontalmente, según se desee. Si se utiliza la posición vertical, la cubierta de tela metálica, que se cierra con un clip, puede servir como lateral. Pegue unos soportes en el lateral del tanque que ahora servirá de base, de modo que la cubierta o lateral pueda sacarse y meterse con facilidad. Si lo prefiere, puede construir un terrario vertical formado por dos tanques del mismo tamaño. A nosotros, en cierta ocasión nos sucedió que, después de romperse accidentalmente la base de un tanque de 55 litros, lo colocamos sobre otro y descubrimos que así podíamos «construir» fácilmente un terrario de forma vertical, ideal para las serpientes arborícolas.

• Los terrarios de cristal hechos a medida pueden encargarse o bien, si uno es mínimamente habilidoso, fabricarse en casa. Si este es su caso, sim-

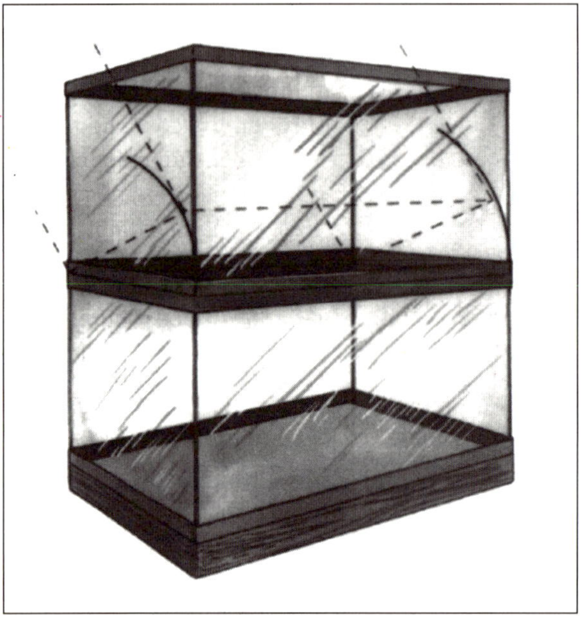

Quítese la base de uno de los tanques y colóquese sobre el otro, sellando ambos para conseguir un terrario alto

plemente tome medidas, corte las piezas de cristal, (o encárguelas), y luego utilice un sellador de látex especial para acuarios. Para mantener el cristal en su sitio hay que sujetarlo con tiras de cinta adhesiva mientras se seca el sellador (unas 24 horas). Lo más importante cuando se utiliza látex es asegurarse bien de que los bordes del cristal que se van a sellar no tienen restos de grasa o de suciedad que puedan impedir que el sellador de acuario actúe correctamente. Incluso los terrarios muy grandes aguantan bien con sellador especial para acuarios, sobre todo si no se van a llenar de agua.

Terrarios de estilo europeo

A diferencia de los sencillos terrarios que utilizan la mayoría de los aficionados norteamericanos, los europeos se caracterizan por su gusto por los terrarios muy elaborados y detallados. Según parece, los europeos prefieren reproducir un pequeño rincón de la naturaleza, un ecosistema en miniatura dentro de sus terrarios. Este concepto les ha resultado de gran ayuda, pues algunas especies de serpientes ratoneras que los aficionados americanos consideraban muy difíciles o imposibles de mantener en cautividad, se crían con relativa frecuencia (aunque en pequeñas cantidades) en el viejo continente. La idea europea consiste en adaptar cada terrario a la especie que vaya a vivir en él.

Pros: En realidad, tanto el sistema americano como el europeo tienen su razón de ser. Resulta mucho más fácil

Un terrario europeo puede ser una obra de arte

cuidar a numerosos ejemplares en terrarios iguales y estériles, como hacen los americanos, que en los complicados terrarios europeos.

Contras: Para crear un terrario al estilo europeo se necesita conocimiento, tiempo y dedicación. No se trata sólo de conocer a nuestras serpientes ratoneras en particular, sino de conocer también el funcionamiento de su hábitat natural. Además hay que trasladar una muestra representativa de ese hábitat al interior, establecerlo y mantenerlo. No es tarea fácil.

Por otro lado, aunque este entorno resulte más natural y familiar a las serpientes, a veces es más difícil mantener las condiciones ideales para el animal en un terrario de estilo europeo que en uno americano sencillo. Si un terrario que imita a la naturaleza resulta demasiado húmedo, demasiado seco o carece de la iluminación adecuada, no sólo sufrirá la vegetación, sino también las serpientes.

El interior del terrario

Accesorios

Muchas serpientes ratoneras son trepadoras, sobre todo dentro de los confines de su mundo de cautividad. Sin embargo, para trepar necesitan ramas gruesas y fuertes que les proporcionen estabilidad y firmeza, y no débiles ramitas. El diámetro de las ramas debe ser al menos el doble y medio del de la serpiente. Las ramas, cortadas a la misma longitud que el terrario, pueden pegarse a cualquier altura aplicando en forma de U porciones de un sellador especial para cristal de acuario. Deslizar la rama hacia abajo por la parte abierta de la U hasta que quede fija en su sitio.

Hay otro accesorio que se puede utilizar en el terrario, bien sea en su versión naturalista o en la de plástico, más práctica y funcional: el escondrijo.

Escondrijo

A las serpientes ratoneras les gusta esconderse en zonas ocultas (para algunas de ellas esto es imprescindible) con el fin de aislarse y buscar seguridad. Esto sucede sobre todo si el terrario está situado en una zona muy transitada y la serpiente pertenece a una de las especies de carácter nervioso.

- Muchas tiendas de animales y tratantes de reptiles venden cuevas de plástico que se pueden lavar y esterilizar, y que duran años.
- La mayoría de las especies de serpientes ratoneras aceptan cajas-nido de periquitos y cacatúas.
- Una caja de cartón desechable (por ejemplo de zapatos), con un agujero recortado en un extremo a modo de entrada, también les servirá de cobijo.
- Nosotros incluimos troncos naturales huecos que recogemos en el campo. Estos pueden depositarse en la base del terrario o bien pegarse a la altura adecuada.
- La corteza de alcornoque, el corcho, es una buena alternativa a los troncos huecos, y mucho más ligera, impermeable a los desperdicios corporales y fácil de limpiar y esterilizar

Pegue la ramas con sellador de acuario

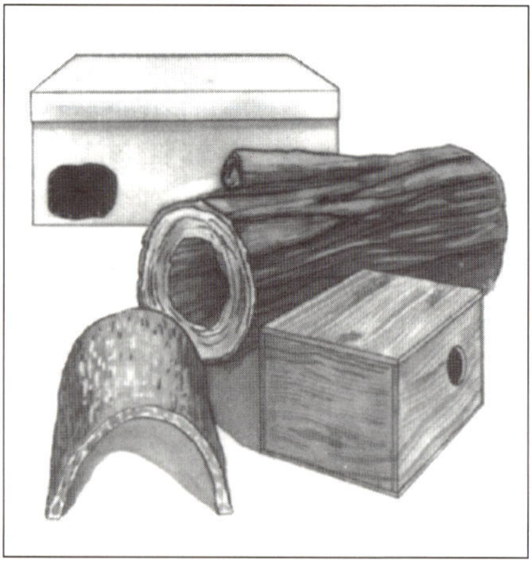

Los escondrijos pueden comprarse o bien fabricarse con corteza de alcornoque, cajas de cartón, troncos huecos o nidos de pájaros

A las serpientes ratoneras les gustan la zonas pequeñas y oscuras donde poder esconderse. Dos serpientes ratoneras de cola rayada, de medio metro de longitud, descansan cómodamente en una caja de película fotográfica

si se va a utilizar mucho tiempo. Las venden muchas tiendas de mascotas, tratantes de reptiles y viveros.

Iluminación, calor, y un comentario sobre el clima

Mantener el calor

Las serpientes son criaturas ectotérmicas (antes se decía de *sangre fría*) que emplean fuentes externas de calor y de frío para regular su temperatura corporal. La mayor parte del tiempo se calientan tomando el sol en un lugar retirado. Cuando se preparan para la muda y disminuye su vista se muestran más huidizas y buscan zonas cálidas debajo de la basura (por ejemplo tableros viejos de madera contrachapada y latas oxidadas) o de coberturas naturales, tales como rocas planas. En las zonas donde abundan los salientes rocosos o los árboles huecos caídos, las serpientes a veces descansan en el interior de su guarida, sacando al sol uno o dos anillos de su cuerpo.

Aunque las serpientes ratoneras tropicales y semitropicales pueden permanecer activas durante todo el año, las del norte hibernan. Las serpientes que habitan en regiones sujetas a rachas frías periódicas a veces se aletargan sólo durante esos periodos fríos. Aunque permanecen semiactivas, estas serpientes pueden

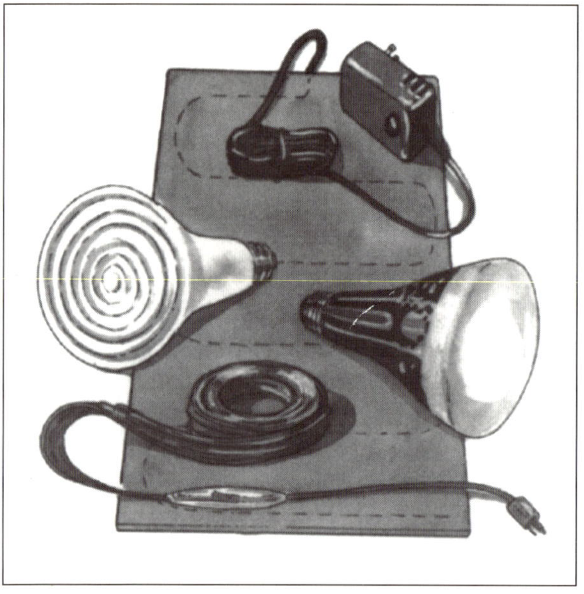

Entre las fuentes de calor se incluyen las bombillas incandescentes, las bombillas cerámicas de calefacción, las esterillas térmicas y los cables calefactores, los cuales se sitúan bajo un extremo del terrario

prescindir de la alimentación durante la mayor parte del tiempo más frío del año.

Mantener el frescor

Aunque las diferentes especies de serpientes se han adaptado a entornos distintos, es también importante que se mantengan lo bastante frescas. Durante las épocas calurosas, o en los lugares donde las temperaturas son por naturaleza muy cálidas (desiertos del sudoeste de los Estados Unidos), la mayoría de las serpientes ratoneras son nocturnas o bien se aletargan (adormecen) durante las semanas que dura el calor excesivo.

Cambios de tiempo y comportamiento

Es sabido que los cambios naturales de tiempo, como por ejemplo las estaciones secas, las estaciones de lluvia, los frentes de bajas presiones, la presión alta asociada al buen tiempo e incluso los ciclos lunares afectan al comportamiento de las serpientes. Las serpientes ratoneras suelen ser más activas cuando la luna tiene su cara oculta, cuando el tiempo es inestable y cuando cambian las estaciones tropicales (pasando de húmedas a secas o viceversa). El comportamiento reproductor a menudo se estimula cuando desciende la presión barométrica antes de una tormenta, y con el aumento de humedad.

Los ciclos de luz natural son casi tan importantes para las serpientes como la temperatura. En condiciones normales, su actividad es mayor durante los días más largos del año (que, además, coinciden con las temperaturas óptimas). Las serpientes que hibernan lo hacen durante los días más cortos del año.

La regulación térmica es importante incluso para las serpientes que viven en cautividad. Estas, claro está, dependen de nosotros, sus cuidadores, quienes debemos proporcionarles terrarios que les permitan seleccionar una temperatura corporal adecuada. Se puede calentar el terrario utilizando esterillas térmicas, cables calefactores o rocas calefactoras, aunque nosotros no recomendamos el empleo de estas últimas. Los calefactores cerámicos que se enroscan en un casquillo y las bombillas (sobre todo las que iluminan directamente, como las de luz de inundación y los focos) son otras posibles fuentes de calor. Las bombillas, además, proporcionan luz. Las bombillas fluorescentes proporcionan luz pero poco calor, lo que puede ser una ventaja si se vive en zonas cálidas donde no se necesita un sistema de calefacción.

Debe proporcionarse un gradiente térmico, excepto durante la hibernación, periodo en el cual la temperatura del terrario ha de ser fresca y uniforme (véase la lista de especies para *Senticolis triaspis intermedia*, pág. 114, que puede ser la única excepción a esta regla). Manténgase fresco un extremo del tanque (preferiblemente entre 18 y 24 °C), e inclúyase un sistema de calefacción en el otro. El extremo cálido del terrario puede mantenerse a unos 24-28 °C cuando se trata de serpientes ratoneras procedentes de zonas muy altas o climas norteños, y a unos 31-35 °C cuando se trata de especies amantes del calor. Véase la lista de especies que comienza en la página 78, si se desea conocer las temperaturas óptimas para

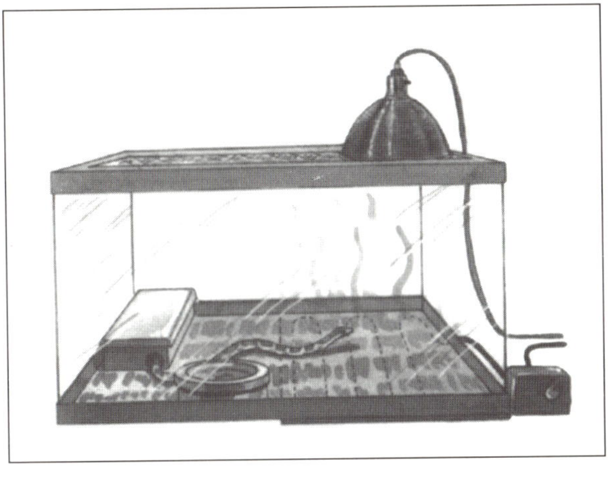

Cada terrario debe tener una zona fresca y otra cálida

cada especie. En los terrarios pequeños, nosotros colocamos el escondrijo en la zona fría de estos. Si el tanque es lo bastante grande, ponemos un escondrijo en cada extremo.

Advertencia: Asegúrese de que, sea cual sea el sistema de calefacción que elija, se regule con un termostato. Tenga muy presente que, aunque las rocas calefactoras que existen hoy en día son más fiables que las de antes, se han producido casos de quemaduras graves. Si decide utilizar este sistema, vigílelo con sumo cuidado.

Luz de espectro completo/luz ultravioleta

Una pregunta que nos plantean a menudo los aficionados es si creemos que la iluminación ultravioleta es necesaria para las serpientes ratoneras. Nuestra respuesta es siempre que, aunque quizá no sea absolutamente necesaria, es seguro que no causará ningún daño. Nosotros colocamos una iluminación de espectro completo encima de cada terrario. Aunque la cantidad de rayos ultravioleta que suministra esta luz sea insignificante, el color y la temperatura de este tipo de bombillas, que se asemejan a la luz natural del sol, pueden beneficiar bastante a las serpientes cautivas.

Algunos aficionados, en lugar de utilizar terrarios individuales, cada uno con su sistema de calefacción e iluminación propio, tratan en conjunto a grupos grandes de especies cuyas necesidades son semejantes. La temperatura de toda la habitación se controla mediante un termostato. La iluminación imita el fotoperiodo natural (normalmente 16 horas de luz diurna en verano y 10 en invierno. Conviene conocer, por el periódico local, las horas en las que sale y se pone el sol, con el fin de ir cambiando la iluminación conforme pasan las estaciones). Esto significa que la habitación, o el terrario, se ilumina durante las horas del día y se oscurece por la noche. Aunque este método es eficaz para la mayor parte de las serpientes ratoneras de fácil mantenimiento, parece satisfacer menos a muchas de las especies europeas y asiáticas, que son más exigentes. Además, dependiendo de la procedencia de las especies (montaña o tierras bajas), varían también sus necesidades en lo que se refiere a las temperaturas.

Agua, recipientes para el agua y humedad del terrario

Aunque las diversas formas de serpientes ratoneras originarias de climas áridos (desiertos y sabanas) pueden beber y bañarse con menos frecuencia que las especies «típicas», las cuales toleran mejor la humedad, el agua es importante para todas.

La humedad del terrario puede ser un aspecto importante a considerar en el cuidado de las serpientes. Las especies que proceden de zonas húmedas tendrán problemas para mudar la piel si la humedad es escasa; las especies originarias de zonas desérticas pueden tener graves problemas de salud (incluso mortales) si la humedad es demasiado elevada. En este último caso se ha podido comprobar que algunas especies tales como las serpientes ratoneras de Trans-Pecos y de Baja California –que habitan en zonas muy áridas– pueden languidecer o mostrar apatía si se las hace vivir en estados de la costa sudeste de los Estados Unidos, donde la humedad es siempre elevada.

Además de servir para que las serpientes beban, el recipiente del agua puede ser también una herramienta para aumentar o disminuir la humedad general del terrario. La humedad será mayor en un tanque que carezca de una adecuada ventilación que en otro donde el aire circule correctamente. Véase el cuadro adjunto.

Si se desea aumentar la humedad del terrario y mantenerla, debe situarse el recipiente para el agua en el punto más caliente del mismo (sobre una esterilla calefactora, en caso de que se utilice una). Si, por el contrario, lo que se desea es disminuir la humedad o mantenerla lo más baja posible, habrá que situar el recipiente en el lugar más fresco del terrario.

Serpiente ratonera verde de cola roja, *Gonysoma oxycephalum*

El tamaño del recipiente para el agua incide en la humedad del terrario

Si usted vive en una zona cuya humedad media es de:

	< 40%	41-60%	61-80%	> 80%
y usted tiene				
B. subocularis	M7	M7	P2	P2
E. guttata	G7	G7	G7	G7
E. obsoleta	G7	G7	G7	G7
E. situla	M7	M7	P2	P2
E. taeniura	G7	G7	G7	G7
S. triaspis	M7	M7	P2	P2

Tamaño del recipiente: P = pequeño, M = mediano, G = grande

Acceso semanal al recipiente para el agua: 1 a 7 (n° de días a la semana en que el agua estará disponible)

Si una serpiente está opaca o azul (a punto de mudar la piel), tal vez se desee incluir un recipiente lo bastante grande como para que la serpiente se sumerja en cualquier momento. Por otro lado, las serpientes a menudo merodean por el terrario sin cesar cuando tienen sed. Es mejor darles la oportunidad de beber si parecen excesivamente activas.

ALIMENTACIÓN DE LAS SERPIENTES RATONERAS

Los mecanismos de la alimentación

Las serpientes ratoneras encuentran a sus presas principalmente gracias al tacto, a la vista y al olfato. Según parece, son capaces de ver bastante bien objetos en movimiento (no está muy claro que perciban los objetos estáticos), y se orientan con rapidez hacia ellos gracias a la vista. Además de la vista, las serpientes ratoneras notan las vibraciones, y su sentido del olfato es bastante preciso. Su lengua transporta partículas que se encuentran en el aire y en el suelo hasta los órganos sensoriales de Jacobson (véase Glosario, página 173), situados en el paladar, donde se analizan. Además de determinar la presencia y el tipo de las presas cercanas (tanto si están vivas como muertas) perciben también los olores de otras serpientes (feromonas), que son cruciales en el comportamiento reproductor de la serpientes ratoneras.

Tras agarrar a sus presas con las mandíbulas, las serpientes ratoneras las inmovilizan de dos maneras: mediante la constricción (un método muy eficaz) o enroscando su cuerpo alrededor de la presa e inmovilizándola.

Constricción

Mediante la constricción no se rompen los huesos de la presa ni se le produce ningún otro daño estructural. Lo que sucede es que, con cada exhalación del animal apresado, los anillos constrictores de la serpiente se van estrechando, por lo que pronto la presa no puede respirar y se asfixia. Hay quien piensa que es una muerte muy cruel, pero ante esto sólo podemos decir que la madre naturaleza es eficaz, no amable, y que probablemente la mayoría de las presas pierden el conocimiento casi de inmediato. Sin embargo, dado que a nosotros, como seres humanos, nos preocupa el tratamiento tanto de los animales depredadores como el de sus presas, alimentamos con animales previamente sacrificados a todas aquellas serpientes que se muestran dispuestas a aceptarlos. Las serpientes ratoneras son capaces de constreñir a dos o más presas al mismo tiempo, para lo cual emplean simultáneamente dos anillos constrictores. En algunas ocasiones empujan con un anillo a la presa contra las paredes de una madriguera o de un árbol hueco. Este método es tan eficaz para inmovilizar a una presa como la constricción propiamente dicha.

Colocación de la presa para tragarla

Una vez que la serpiente decide que ha llegado el momento de devorar a su presa, comienza a colocarla adecuadamente y a tragarla. Para ello la serpiente puede soltar por completo a la presa o bien, mientras mueve rápidamente la lengua para transportar partículas químicas a los órganos de Jacobson, mantener sujeto al animal y buscar su cabeza (o en algunos casos las patas) para comenzar a engullirlo.

Casi todo el cuerpo de la serpiente, comenzando por la estructura de la mandíbula, es «elástico». Todos los huesos que llevan dientes, tanto los del maxilar superior como los del inferior, pueden moverse de forma independiente. Los dientes cónicos tienen forma curva, lo que les permite mantener el agarre. Para tragar a su presa, la serpiente (por lo general) adelanta los huesos de la mandíbula superior e inferior de un lado para sujetarla. Luego ocurre lo mismo con el otro lado. Una vez la víctima se encuentra dentro de la garganta, una serie de contracciones del cuello la empujan hacia el estómago.

En esta imagen pueden verse dos de las cuatro filas de dientes superiores de una serpiente ratonera amarilla, que en este caso está comiendo

Las serpientes utilizan la lengua para transportar olores al órgano de Jacobson, situado en la boca

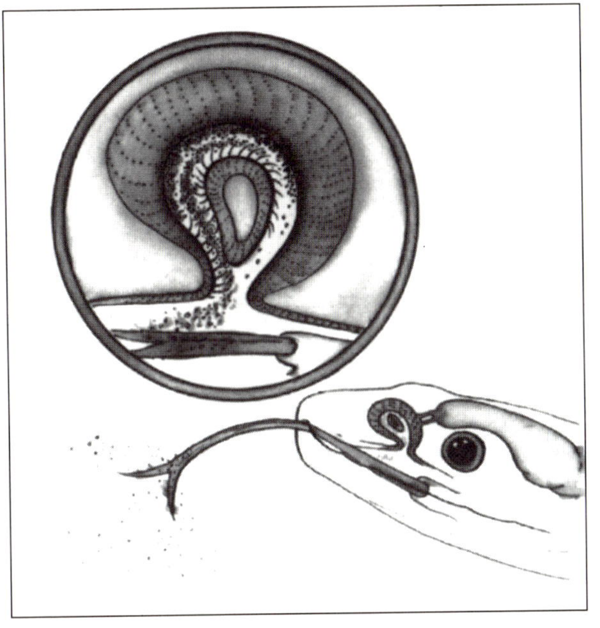

Podría decirse que la serpiente «camina» sobre su presa para engullirla.

Dependiendo de la temperatura ambiental y del metabolismo de la serpiente, la digestión puede ser lenta o bastante rápida. Durante este tiempo, la serpiente suele mostrarse más tranquila de lo habitual, moviéndose sólo lo necesario para regular su temperatura.

Dieta

En contra de lo que suele creerse, las serpientes no se alimentan sólo de seres vivos, ni tan siquiera algunas los prefieren. Nosotros hemos visto cómo algunas serpientes ratoneras en libertad encontraban roedores muertos y se los comían, y nuestras ratoneras cautivas se alimentan de ratas y ratones descongelados.

Aunque las serpientes ratoneras se llamen de este modo, su dieta no se limita estrictamente a las ratas. En realidad, pocas especies se conforman siquiera con aceptar presas endotérmicas (de sangre caliente). El régimen alimenticio de muchas de las serpientes ratoneras va cambiando con la edad. Cuando viven en su entorno natural, las crías de muchas de ellas buscan lagartos y ranas como primer alimento. Al ir creciendo, la mayoría de las serpientes se van adaptando a lo que pueden encontrar, y su menú se amplía para incluir crías de pájaros, huevos y roedores del tamaño adecuado.

En aquellos casos en que se conoce una inclinación especial por un alimento concreto, lo mencionamos en la lista de especies (véanse, por ejemplo, los comentarios relativos al gusto de *E. rufodorsata* por el pescado y las ranas, pág. 156).

Nosotros sugerimos que se ofrezcan presas proporcionadas al tamaño de las serpientes: ratones rosados o lagartijas a las crías recién nacidas o a serpientes pequeñas, es decir, las que midan menos de 35 cm de longitud; peludos ratones «saltarines» a las serpientes que midan entre 35 y 45 cm; ratones pequeños para las jóvenes adultas entre 45 y 55 cm; y ratones adultos o ratas jóvenes a las serpientes que midan más de 55 cm.

Frecuencia de la alimentación

La frecuencia de la alimentación depende de cada serpiente y de la época del año. Durante los meses de verano las serpientes ratoneras, por lo general, comen todas las semanas o cada dos semanas. En invierno, las que no hibernan disminuyen notablemente su frecuencia de alimentación hasta una vez cada tres semanas, una vez al mes o incluso menos. Debe tenerse en cuenta que las serpientes se desarrollan al mismo tiempo que sus presas, y que su apetito está acoplado a lo que, de forma natural, les sucede a estas. Y el alimento es más escaso durante los meses de invierno.

Con qué alimentarlas

Muchas tiendas de animales y tratantes de reptiles de los Estados Unidos, Europa y Asia venden ratones, ratas y otros roedores, lagartos y, algunas veces, ranas. Por lo general, los roedores y lagartos que se venden como alimento suelen ser bastante más baratos que los que se ofrecen como mascotas. Los roedores congelados, a veces, son más baratos aún. Compare precios.

Debido a la facilidad con que pueden criarse ratones y ratas en casa, muchos aficionados tratan de inducir a sus serpientes, incluso a las recién nacidas, a aceptar estos animales como alimento. Si bien esto no tiene nada de malo, probablemente no sea natural, y aunque nuestras serpientes cautivas vivan una larga vida, muchos herpetólogos (entre ellos nosotros) nos preguntamos si no sería mucho mejor (especialmente cuando se trata de especies «difíciles») si nos esforzáramos más por ofrecerles una dieta natural.

Animales sacrificados

Los animales sacrificados son una buena opción como alimento. Un roedor o un pájaro vivo pueden morder o picar a una serpiente cautiva, produciéndole al reptil estrés o incluso daños irreversibles. Nosotros, generalmente, compramos grandes cantidades de ratones congelados a un tratante de reptiles y descongelamos previamente los que

Comprar ratones congelados «a granel» es una forma fácil de conseguir comida para las serpientes ratoneras

necesitamos en agua templada (después de lo cual los secamos con una toalla de papel), a temperatura ambiente, o bien colocándolos a la hora de comer debajo de una lámpara de las que tienen las serpientes para calentarse. No somos partidarios de la utilización de hornos microondas, debido a que no descongelan todo el cuerpo de los roedores por igual, los cocinan parcialmente y, además, deterioran su cuerpo.

Presas silvestres

Con frecuencia nos preguntan si es aconsejable alimentar a las serpientes ratoneras con roedores silvestres (sobre todo ratones). En nuestra opinión, hay tres aspectos que deben tenerse en cuenta a la hora de tomar esta decisión:

- Hemos de estar totalmente seguros de que el roedor no ha ingerido ningún tipo de veneno para ratas o ratones.
- Debe tenerse presente que los roedores que viven en libertad, o sus pulgas, pueden ser portadores de algunas enfermedades graves que pueden transmitir a los humanos.
- Algunas serpientes ratoneras, una vez que han probado los roedores silvestres, se aficionan tanto a ellos que se resisten a aceptar roedores domésticos otra vez.

Por otro lado, algunas serpientes ratoneras que se niegan a alimentarse de roedores domésticos aceptan especies silvestres. Para estos casos, nosotros criamos ratones de patas blancas.

Criar roedores para alimentar a las serpientes

Aunque resulta relativamente fácil encontrar roedores en tiendas de animales, algunas personas los crían por su propia cuenta. La mayoría de estos animales se reproducen con facilidad,

Una pequeña colonia de ratones formada por un macho y dos hembras por lo general proporciona suficientes ratones rosados y jóvenes como para alimentar a dos pequeñas serpientes ratoneras o a una joven

pero lo harán aún mejor si se mantienen a una temperatura agradable de interior. Cuando se exponen a un frío o calor excesivos se detiene la reproducción o, en caso de que esta continúe, las camadas son más pequeñas y es probable que se produzca canibalismo contra los recién nacidos. De todos los roedores, los ratones son los más fáciles de criar y los más aceptados por las serpientes en general. Un solo macho y tres o cuatro hembras pueden vivir en un tanque de 50 litros o terrario de cría de roedores. Una colonia de este tipo produce un suministro bastante regular de crías que pueden servir de alimento a las serpientes más pequeñas, o bien dejarse crecer para los ejemplares más grandes. Pero la colonia producirá también un olor muy característico, de modo que los habitáculos deben limpiarse al menos dos veces por semana. Además,

Los ratones silvestres, como estos de patas blancas, son devorados con gusto por algunas serpientes difíciles de alimentar

como incluso los tanques limpios tienen olor, conviene situarlos lejos de casa, si es posible. Un garaje en el que la temperatura esté controlada suele ser ideal para una o dos colonias. Utilice serrín de álamo o pino como lecho (nunca utilice cedro, pues el fenol que este contiene puede ser dañino para las serpientes ratoneras).

Alimentar a los roedores

Alimente a sus roedores con un preparado especial para ellos, o bien a base de una saludable mezcla de semillas y verduras. Deben tener agua

Arriba: Serpiente ratonera de las Everglades, *Elaphe obsoleta rossalleni*
Centro: Serpiente zorro del este, *Elaphe gloydi*
Abajo: Algunos ejemplares de las serpientes ratoneras de Baird originarias de Texas son de un bonito color gris perla

Arriba: Algunos de los nombres que se da a los cruces de serpientes ratoneras criadas en cautividad son muy curiosos. Esta *bubblegum* (chicle) fue criada y fotografiada por Bill Love, de Glades Herp
Abajo: Serpiente ratonera *bubblegum, E. o. rossalleni* x *E. o. obsoleta*

limpia a su disposición en todo momento. Las serpientes se beneficiarán si sus presas están sanas.

Los jerbos y los hámsters pueden criarse también en pequeños tanques. Las ratas estarán mejor en habitáculos algo mayores.

Ciertos ratones silvestres pueden también criarse en cautividad. Entre los que se crían con mayor frecuencia se encuentran los ratones ciervo y los de patas blancas. (Sin embargo, recuerde nuestra advertencia de la página 57 acerca de las enfermedades que transmiten los roedores).

Consejo práctico

Cómo lograr que coma una serpiente que se niega a hacerlo

Pruebe a variar las presas

Experimente ofreciéndole presas de distintas especies y colores. Algunas serpientes aceptan sin problemas una rata recién nacida, pero se niegan rotundamente a aceptar un ratón de tamaño parecido. Si la suya rechaza tanto ratas como ratones, pruebe con un hámster o un jerbo.

Para las serpientes ratoneras recién nacidas o jóvenes, pruebe primero con ratones rosados, luego con ratones rosados impregnados con esencia de rana o de lagartos, y después con ranas o lagartos. Las ratoneras semiadultas y adultas a veces aceptan roedores relativamente fáciles de conseguir (ratones, ratas, jerbos y hámsters). Luego pruebe con polluelos y codornices pequeñas.

Si su serpiente se niega a comer, trate de alimentarla durante su periodo de máxima actividad. Algunas serpientes ratoneras son activas por la noche; otras son diurnas. Lea la lista de especies para conocer sus características. Una serpiente que se sienta segura comerá mejor que otra que sufra estrés. Incluya un escondrijo de algún tipo (véase página 46) y coloque un animal sacrificado a la entrada del mismo.

Asegúrese de que el terrario de su serpiente se mantiene a la temperatura óptima. Si una serpiente ratonera sufre estrés debido a un exceso de calor, o está aletargada porque la temperatura es demasiado fresca, no

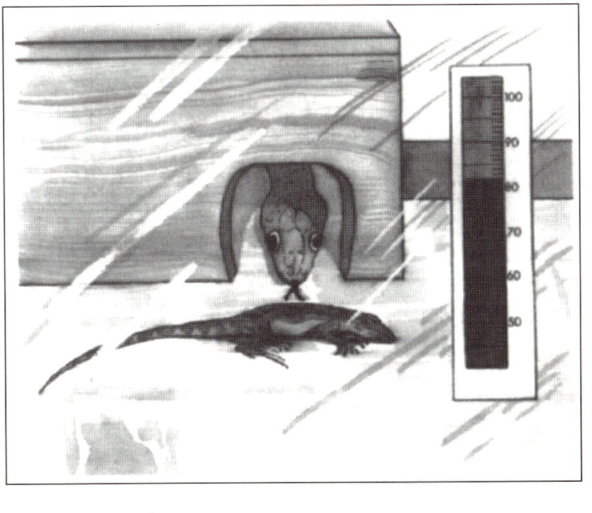

Una serpiente tímida tal vez acepte presas sacrificadas si se depositan estas junto a la entrada de su escondrijo

se puede pretender que coma, y seguramente no lo hará. La regurgitación puede ser causada también por temperaturas inadecuadas.

Si su serpiente come sin problemas, pero prefiere lagartos que ratones, impregne el ratón con sangre de lagarto, o incluso con heces. Nosotros muchas veces rompemos una cola de un anolis (que rápidamente vuelve a crecerle), y frotamos la gota de suero que sale al hacerlo sobre el hocico de un ratón del tamaño apropiado. (Debe advertirse que todos los saurios europeos están protegidos y, por tanto, no deben usarse para alimentación de serpientes ni provocarles ningún daño). A continuación liberamos al lagarto. Las serpientes ratoneras suelen aceptar el ratón impregnado.

Raciones pequeñas

Las presas pequeñas (bien sean vivas o muertas) suelen ser mejor aceptadas por las serpientes ratoneras que las grandes. Dos presas pequeñas se digieren mejor que una grande.

Además, las serpientes tragan mejor y más rápidamente los alimentos pequeños. Aunque esto tal vez no tenga importancia cuando se trata de un ejemplar bien adaptado y que come sin problemas, si un espécimen nervioso o mal comedor sufre estrés mientras come, posiblemente pierda

Para lograr que una serpiente coma, tal vez sea necesario ofrecerle distintos animales

Coloque la presa muy dentro de la boca de la serpiente, ciérrela y compruebe si la serpiente traga al animal voluntariamente

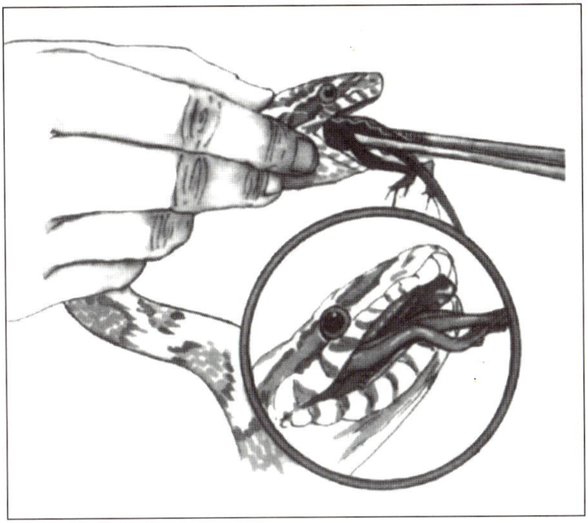

el interés por alimentarse o bien vomite una presa parcialmente tragada.

Alimentación forzosa como último recurso

Existen algunas serpientes ratoneras que, a pesar de los esfuerzos de sus cuidadores, se niegan a aceptar voluntariamente todo alimento que se les ofrece. En estos casos, lo único que se puede hacer es alimentar a estos ejemplares a la fuerza. Debe recordarse que el aparato digestivo de una serpiente que no ha comido durante algún tiempo probablemente no esté en buenas condiciones. No debe sobrealimentarse a estos animales. De hecho, conviene darles pocos alimentos al principio. Un aparato digestivo delicado, y que prácticamente esté inactivo, digerirá mejor una cantidad pequeña de comida que una grande.

Para la alimentación forzosa se puede utilizar una «bomba de ratones rosados»: una jeringa de metal con una «aguja» de diámetro grande. Introduzca varios trozos de ratones rosados dentro del tronco de la bomba. Lubricar la punta antes de introducirla en la garganta de la serpiente (hasta el esófago). La longitud de la punta del artefacto permitirá insertar la bomba suficientemente como para alimentar a una cría de serpiente. Si se utiliza la bomba para alimentar a un ejemplar grande, tal vez sea necesario colocar un trozo más largo de tubo de plástico para permitir la inserción. Tenga cuidado de no dañar las encías, los dientes, la boca o la glotis.

Otra alternativa es colocar un animal pequeño muy dentro de la boca de la serpiente y realizar un masaje para hacer descender el alimento por la garganta de la serpiente. Antes, lubricar al ratón con agua (algunos aficionados prefieren clara de huevo). Luego, insertar suavemente la cabeza del roedor en la boca de la serpiente. Si se tiene cuidado, puede utilizarse la cabeza del ratón para abrir la boca de la serpiente. Si en algún momento, mientras usted realiza esta operación, la serpiente comienza a tragar voluntariamente, suelte lentamente la presa y deje que la serpiente coma por sí misma. Muchas veces la serpiente no quiere colaborar y es necesario forzar lentamente a la presa hasta introducirla en la garganta de la serpiente e incluso más adentro. Una vez introducido el roedor en la boca, se le puede hacer bajar practicando un suave masaje a la serpiente. Si esta no muestra resistencia, suéltese para ver si la serpiente traslada la presa hasta su estómago. Si comienza a regugitarla, agárrese suavemente a la serpiente y practíquese otro masaje hasta colocar a la presa un poco más cerca del estómago de la serpiente.

Advertencia: En cualquier caso, la alimentación forzosa es traumática para la serpiente y requiere sumo cuidado por parte del cuidador. ¡Actúe despacio! Esto es muy importante, ya que una serpiente asustada probablemente luchará para resistirse a la alimentación forzosa o regurgitará el alimento una vez terminada la operación.

Recuerde que la serpiente habrá de ser inmovilizada durante este procedimiento, y que ni siquiera la alimentación forzosa puede salvar siempre a una serpiente muy debilitada, aunque vale la pena intentarlo.

CRÍA DE SERPIENTES RATONERAS

Para empezar, queremos hacer notar que las pautas que ofrecemos aquí y en la *Lista de especies* para la cría de serpientes ratoneras no son más que eso: pautas. Los métodos que proponemos nos dieron buenos resultados en nuestras instalaciones del sur de Florida. Allí logramos incubar muchos huevos «a temperatura ambiente» (siempre entre 26 y 32 °C, pero casi siempre entre 28° y 30°), y tuvimos que esforzarnos por reducir la humedad relativa en aquellos terrarios que albergaban a especies originarias de climas áridos, y por proporcionar el frescor adecuado para incubar los huevos de las especies que precisan atravesar un periodo de hibernación* total para iniciar el ciclo de la reproducción.

Los aficionados y criadores profesionales del noroeste de los Estados Unidos consideran necesario añadir calor la mayor parte del año, mientras que los de California y otras zonas del suroeste tienen necesidades muy distintas. Por ello queremos hacer hincapié en la palabra pautas. Hay un viejo dicho popular que conviene aplicar aquí: «Si no está roto, no lo arregles». Es decir, que si usted o un amigo suyo están obteniendo buenos resultados en la cría de serpientes ratoneras de una determinada especie, en una zona concreta y con unos métodos determinados, continúe con ellos. La cría de serpientes no es una ciencia exacta; lo que a un criador le funciona tal vez a otro no le sirva para nada. Sin embargo, no deje de compartir sus métodos con otros aficionados cuyos intereses sean similares a los suyos.

Para empezar

Los principios básicos para la cría de las serpientes ratoneras no son complicados, y unas cuantas pautas le proporcionarán información suficiente

* *Nota del Traductor*: Dado que *brumation* equivale a *hibernation*, y ho hay otro término para traducirlo, traduzco ambos por «hibernación», a diferencia de *rest period*, que sería un «período de descanso», y de *cooling period*, que sería un «período de enfriamiento».

Para proporcionar un período de descanso a su serpiente ratonera, reduzca la iluminación, enfríe el terrario desconectando la calefacción y/o abra una ventana, o bien traslade el terrario a una zona más fresca

para empezar. Si desea conocer más detalles, consulte la *Lista de especies* que comienza en la página 78.

Básicamente, necesitará un macho y una hembra de serpientes ratoneras, preferiblemente del mismo tipo. Si todo va bien, cuando se coloquen en el mismo terrario a principio de primavera, se aparearán. La hembra pondrá los huevos, que tardarán unos 60 días en eclosionar. Las crías tendrán suficiente tiempo para alimentarse y ganar peso antes de que llegue el frío y los días cortos del invierno.

¿Descanso o hibernación? Las serpientes ratoneras originarias de zonas septentrionales o de altitudes elevadas, por lo general, necesitan someterse a un periodo anual de enfriamiento para iniciar luego el comportamiento reproductor. Las que proceden de zonas sureñas, a veces no necesitan este enfriamiento anual o bien requieren sólo un periodo de «descanso» de 30 días. Averigüe el origen de su serpiente, las condiciones climáticas y los microhábitats de su zona para determinar si necesita un periodo de enfriamiento o hibernación. Las crías no deben «hibernar» ni «descansar» durante el primer año.

Someta a su serpiente ratonera a un periodo de descanso

1. Para aquellas especies que no requieren una hibernación completa, redúzcase la temperatura ambiental cambiando las bombillas incandescentes por fluorescentes, o bien apagando las esterillas calefactoras, abriendo las ventanas de la habitación o trasladando el terrario a una zona más fresca. Las temperaturas más adecuadas serán las diurnas comprendidas entre 26 y 28 °C, y las nocturnas entre 19 y 21 °C.

2. Imite los periodos de luz natural. Si la iluminación procedente del exterior es suficiente, no habrá ningún problema. En caso contrario, utilice un temporizador ajustado a las horas de salida

Las cajas de plástico provistas de tapa que se suelen utilizar para guardar ropa sirven como habitáculos de hibernación

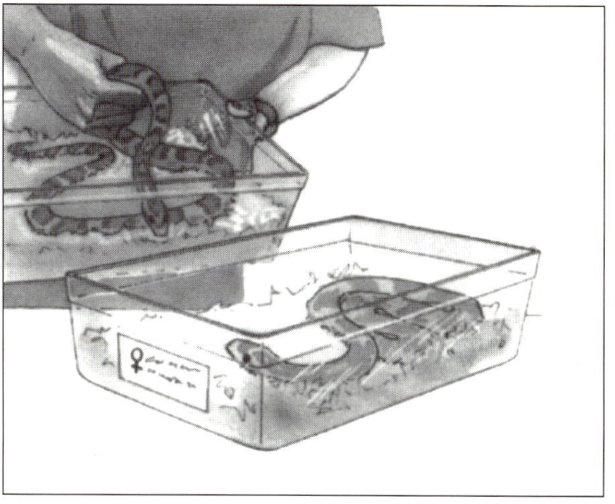

y puesta del sol (consulte el periódico o la biblioteca local).

3. Procure que sus serpientes tengan siempre agua a su disposición, y suministre raciones más pequeñas de comida a intervalos mayores.

Al finalizar los 30 días, vuelva a ajustar las temperaturas normales del terrario y el ritmo habitual de alimentación. Después de una semana aproximadamente, coloque juntos al macho y a la hembra. Por lo general comenzará entonces el comportamiento reproductor.

Las serpientes que están hibernando necesitan temperaturas frescas y oscuridad

Hibernar a las serpientes ratoneras

1. Separar a los sexos.

2. Suspender la alimentación dos semanas antes del enfriamiento. No alimentarlas durante el periodo de enfriamiento.

3. Reducir la humedad relativa eliminando los elementos del terrario que retienen humedad, como las plantas y los recipientes con agua. Otra alternativa consiste en preparar un recipiente de plástico, como por ejemplo una caja de las que se utilizan para guardar ropa, con el fin de utilizarlo como habitáculo de hibernación.

4. Despejar una estantería situada, por ejemplo, en un armario fresco y poco utilizado de un sótano o garaje, y guarde allí los terrarios de hibernación. Durante esta fase, las serpientes necesitan una oscuridad continua y temperaturas muy frescas.

5. Las temperaturas de hibernación deben estar comprendidas entre los 9,5 y 13 °C.

6. Conviene despertar a los ejemplares que hibernan para que beban cada 15 días aproximadamente. Saque a la serpiente de su caja, colóquela en una estantería delante de usted y ofrézcale agua. Después de que beba, vuelva a colocarla en su caja de hibernación. No deje que la serpiente se caliente demasiado. Si no quiere beber, colóquela de nuevo en la caja de hibernación y vuelva a ofrecerle agua una semana después.

7. Al finalizar el periodo de hibernación, simplemente sitúe otra vez al animal en su terrario habitual con su plato para el agua, su escondrijo, sus ramas y plantas, etc.

Cortejo

Deje que la serpiente se caliente, se despierte por completo y se acostumbre de nuevo a su ambiente habitual durante una semana aproximadamente; luego ofrézcale un alimento al que esté habituada. La mayoría de las serpientes ratoneras, si no todas, mudan la piel poco después de salir de la hibernación. Y después de esta muda inician el ciclo de la reproducción. Si todavía no se ha colocado en el mismo terrario a las serpientes de ambos sexos, es el momento de hacerlo. En caso de que no comience el cortejo, rocíe el terra-

Una incubadora hecha a mano resulta muy barata

rio con agua. Dirija el pulverizador hacia arriba de modo que el agua caiga como si fuese una fina lluvia.

Después del apareamiento, si usted lo desea, puede separar a la pareja de nuevo. Continúe alimentando a sus serpientes en abundancia hasta que recuperen el peso y el aspecto que tenían antes de la hibernación. Varios días después de la siguiente muda de la hembra, esta pondrá los huevos. Un criador del Pacific Northwest ha comprobado que sus serpientes ponen los huevos diez días después de esta segunda muda.

Gestación y puesta de huevos

Las serpientes gestantes precisan bastante calor, zonas seguras en las que calentarse y, más adelante, en las que poner los huevos o parir, como sucede en el caso de *E. rufodorsata* (véase pág. 155).

Al igual que sucede con otros aspectos relacionados con el cuidado de las serpientes ratoneras, el tamaño de la caja de gestación, puesta e incubación debe adaptarse a las necesidades de cada espécimen.

Caja para la puesta de huevos

Una cubeta opaca de plástico, parcialmente llena de turba o musgo *Sphagnum* algo húmedo, suele ser bien recibida como lugar de puesta de huevos. Todavía resulta más agradable para la serpiente si se cubre con una tapa opaca, o bien si se coloca la cubeta dentro de una caja de cartón oscura. En ambos casos, asegúrese de recortar un orificio de acceso del

Los huevos viables suelen ser de color blanco tiza. Si la cáscara muestra un tono amarillento (como el de la derecha de la fotografía), esto puede indicar infertiliad o una escasa calcificación de la cáscara

Los roedores vivos pueden herir a las serpientes. Acostumbre a su serpiente a comer presas sacrificadas

tamaño apropiado. Si las temperaturas del terrario son frías, la cubeta puede situarse sobre un cable calefactor o esterilla térmica (situada debajo), para aumentar el calor. Recuerde que el calor procedente de abajo secará rápidamente el musgo (u otro material), por lo que habrá que humedecerlo con regularidad. Una vez puestos los huevos, tenga cuidado de no mojarlos directamente cuando humedezca el material.

Aunque nosotros preferimos dejar las cajas para la puesta de huevos a disposición de las serpientes todo el año (las utilizan como escondrijo cuando no es época de reproducción), algunos criadores sitúan las cajas en el terrario sólo en la época de cría. Recuerde que muchas serpientes ponen varias tandas de huevos. Limpie la caja y sustituya el musgo (u otro sustrato) después de la primera puesta, pero no la quite demasiado pronto.

Comportamiento de las hembras

Las serpientes ratoneras hembras investigan su terrario antes de la puesta, en busca del sitio más apropiado para depositar los huevos. Probablemente su hembra pasará algún tiempo reposando en la cubeta antes de poner allí los huevos. Algunas serpientes no llegan a comprender la idea: se pasan días en la cubeta pero ponen los huevos en el recipiente para el agua. Para evitar esto, retire el plato del agua y colóquelo de nuevo en su sitio una hora cada noche aproximadamente.

Alimentación

No es raro que las hembras dejen de alimentarse durante una semana, dos, o incluso tres, antes de la puesta de huevos. Después de la puesta, ofrezca alimento al animal. Las comidas pequeñas ofrecidas a intervalos frecuentes suelen dar mejores resultados. Las serpientes ratoneras hembras que, tras la puesta, conservan o recuperan rápidamente su peso corporal crían mejor y con más frecuencia que las que tienen poco peso o tardan más tiempo en recuperarlo.

Procedimientos y técnicas de incubación

En los casos de las ratoneras ovíparas, es necesario que las temperaturas sean las adecuadas durante la gestación y la incubación. Una mala incubación puede ocasionar malformaciones en el embrión o incluso la muerte.

Las incubadoras pueden fabricarse en casa o comprarse. Para hacer una sólo se necesita un refrigerador de corcho blanco, un termostato barato de los que venden en ferreterías o tiendas de piensos, cable calefactor y cable eléctrico. Si lo prefiere, un electricista cualquiera le puede montar una por poco dinero. De todos modos, las que se utilizan para incubar huevos de gallina, que se venden en almacenes de piensos, tienen capacidad para varias camadas y pueden utilizarse año tras año.

Aunque una incubadora pequeña será suficiente para la mayoría de los aficionados, con el tiempo tal vez se necesite una unidad más grande

Temperatura: La temperatura aconsejable para la incubación es la comprendida entre 24 y 28 °C (véase la *Lista de especies*, que comienza en la página 77, para más información. Durante la incubación, a veces conviene que haya una ligera variación de la temperatura. La humedad debe mantenerse en un 80-95 por ciento; nosotros colocamos siempre un recipiente de agua abierto en la incubadora. Mantenga la incubadora a oscuras. Una vez puestos, los huevos pueden moverse suavemente pero no darse la vuelta. El manipularlos con frecuencia, sin cuidado y una iluminación excesiva no favorecen el desarrollo de los embriones.

Eclosión: En la mayoría de los casos, los ejemplares jóvenes, sanos y bien desarrollados saldrán de los huevos, o de las membranas, sin incidentes. Practicarán una incisión con la ayuda de un diente situado en el labio superior y, tras asomarse al exterior de vez en cuando, saldrán un día o dos después. En raras ocasiones (como por ejemplo cuando la membrana del huevo se seca demasiado rápidamente debido a una humedad inadecuada) las crías pueden necesitar un poco de ayuda para escapar. Lo mejor suele ser aumentar la humedad relativa. También puede ayudar realizar un pequeño corte en la parte superior del huevo o en la membrana del mismo. Tenga cuidado de no cortar vasos sanguíneos. Precaución: si usted abre un huevo prematuramente (algunas veces sólo unos cuantos días) puede causar la muerte de la cría.

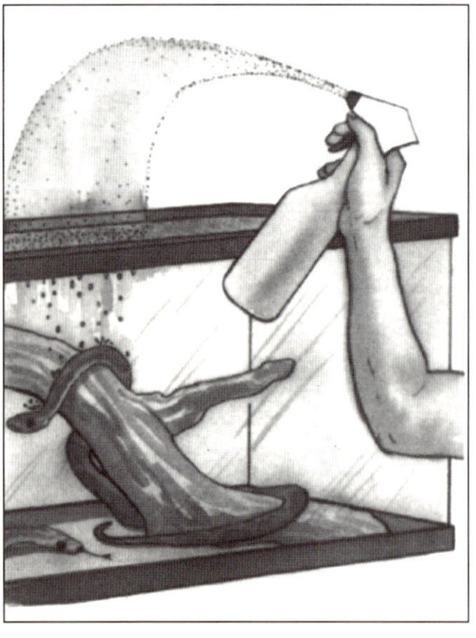

Un ligero rociado algunas veces induce a la reproducción

Caja para la puesta de huevos

Consejo práctico

Cómo fabricar una incubadora

Materiales necesarios

- Un termostato como los que se utilizan en las incubadoras para pollos. Se puede adquirir en tiendas de piensos
- Un termómetro
- Un cable calefactor (lo venden en tiendas de plantas o en ferreterías)
- Un refrigerador de espuma de estireno (corcho blanco) que tenga las paredes bastante gruesas (una caja de las que se usan para el transporte de pescado es ideal)

Instrucciones

1. Perfore un orificio en la tapa de la caja refrigeradora y encaje el termostato desde el interior. Añada otro agujero para el termómetro, con el fin de que se pueda controlar la temperatura interior sin abrir la tapa. Si el termómetro no tiene ningún reborde que le impida deslizarse por el agujero de la tapa, rodee este aparato varias veces con una goma elástica para formar un reborde.

2. Coloque transversalmente el cable calefactor en la base del refrigerador y conéctelo con el termostato.

3. Coloque la tapa sobre el refrigerador y enchufe el termostato. Espere una hora y luego compruebe la temperatura. Ajuste el termostato hasta que la temperatura del interior de la incubadora sea de unos 27-30 °C (véase la *Lista de especies* de la página 78 para saber exactamente cuál es la temperatura más adecuada en su caso). El asa en forma de L que aparece en el termostato es el reostato.

4. Una vez regulada la temperatura,

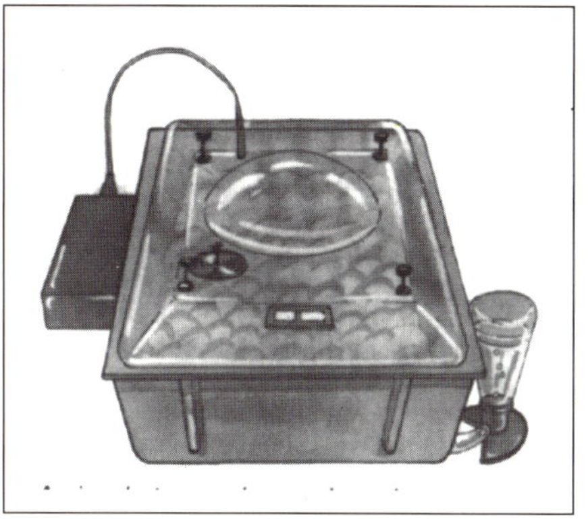

Una incubadora puede adquirirse en muchas tiendas de piensos

Las serpientes que salen del huevo, como esta serpiente del maizal amelanística, pueden permanecer en él durante un día o más después de empezar a abrirlo. Fotografía tomada en The Gourmet Rodent

coloque los huevos dentro de la incubadora y cierre la tapa.

5. Compruebe la temperatura todos los días y añada un poco de agua al material de incubación a medida que la vaya necesitando. La humedad ideal es del 100%, y puede conseguirse manteniendo húmedas al tacto la turba y la tierra que se utilizan para proteger los huevos, pero lo bastante secas como para que no rezume agua al apretar con la mano.

Huevos fértiles

¿Cómo saber si los huevos son fértiles? Al final de la primera semana, los huevos no fértiles se volverán amarillos, se endurecerán y comenzarán a estropearse. Los fértiles seguirán siendo blancos y tersos al tacto. Los que no son fértiles pueden enmohecerse, pero es raro que se traspase el moho a los huevos sanos.

Las crías

Al final del periodo de incubación –que en algunas especies dura sólo dos semanas, pero que por lo general comprende unos 60-70 días– las crías efectúan una ranura en el huevo con un diente de eclosión situado en el extremo de su hocico.

Las crías no parecen impacientes por salir del huevo: realizan una pequeña abertura, miran al exterior y deciden quedarse dentro del huevo un poco más, en algunos casos hasta un día y medio. Las que abandonan el huevo pueden trasladarse a otro terrario, donde se les ofrecerá alimento, una zona caliente y

A los pocos días de salir del huevo, las crías de serpiente experimentan una «muda postnatal». En la foto se aprecian las pieles mudadas de esta nidada de serpientes del maizal. Fotografía tomada en The Gourmet Rodent

Las crías tardan bastante tiempo en salir del huevo

agua. A los pocos días mudarán la piel.

Cómo determinar el sexo de una serpiente ratonera

El método más fiable para determinar el sexo de serpientes ratoneras adultas y casi adultas consiste en introducir una sonda, como muestra la ilustración de abajo. Cuando una sonda lubricada se introduce suavemente en la cavidad hemipenial de un macho, esta se desliza sin dificultad un tramo equivalente a 7-12 escamas subcaudales. Si la serpiente es una hembra, la sonda sólo se introducirá un tramo equivalente a 2-4 escamas subcaudales. Si la sonda no tiene el diámetro adecuado, o se fuerza, podría herirse a la serpiente. En el caso de las crías, se puede determinar su sexo volviendo de dentro afuera los hemipenes de los machos manualmente. Para ello hay que colocar el dedo pulgar unas cuantas escamas después del ano y empujar el dedo hacia delante, firmemente pero con suavidad. Las hembras, claro está, no tie-

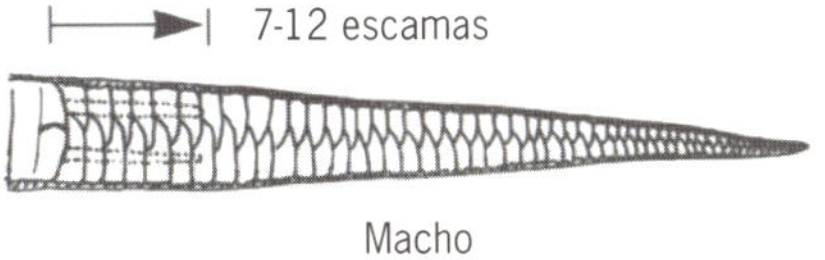

Macho
Cola larga que se estrecha suavemente

Hembra
Cola corta que se estrecha bruscamente

nen hemipenes que descubrir. Tanto la determinación del sexo con sonda como el despliegue manual de los hempipenes conviene aprenderlos observando a un experto.

Cuando se tiene suficiente experiencia, también se puede averiguar el sexo de las serpientes adultas simplemente comparando la forma y la longitud de la cola. Para acomodar a los hemipenes, la cola de los machos es más ancha en la base que la de las hembras de tamaño similar. Además, la cola de los machos por lo general se estrecha menos bruscamente y es, en comparación, más larga.

LISTA DE ESPECIES: SERPIENTES RATONERAS DEL NUEVO MUNDO

Serpiente del maizal
(Elaphe g. guttata)

Conozca a las serpientes del maizal

Dónde viven

La serpiente del maizal, *E. g. guttata,* vive en una inmensa área de los Estados Unidos. Puede encontrarse en hábitats diferentes (las serpientes capaces de sobrevivir en distintos hábitats se llaman de *hábitat amplio*) desde el sureste de Nueva Jersesy hasta el extremo sureste de Florida Keys, y desde los estados situados al oeste de Kentucky hasta el este de Louisiana. Existe una zona de cruces con la subespecie más occidental, la serpiente del maizal de los llanos, que comprende el noroeste de Louisiana, centro y sur de Arkansas y extremo este de Texas. Algunas veces se encuentran híbridos naturales con el grupo de las ratoneras negras.

Colores de las serpientes del maizal

Colores más vivos: Las serpientes ratoneras de colores más vivos son las que habitan en los estados centrales de la costa este, y las que viven en la periferia de la zona norte y sur de su área geográfica suelen ser más pequeñas que las de las zonas centrales. Su color de fondo varía desde anaranjado (variedad «normal») y gris (sur de Florida) hasta marrón (una extraña variedad del sudoeste de Florida); sin embargo, al oeste del Mississippi, las serpientes del maizal (con bastante uniformidad) presentan un matiz más oscuro y pardo, y se llaman serpientes

Las serpientes del maizal aneritrísticas se encuentran sin dificultad en el sudoeste de Florida

La variedad «Okeetee» de la serpiente del maizal normal se caracteriza por sus intensos colores. El colorido de esta joven adulta será aún más vivo con el tiempo

del maizal de los llanos o *Elaphe guttata emoryi* (su antiguo nombre era el de serpientes ratoneras de Emory).

«Normal»: ¿Qué significa «normal»? Siempre que hablemos de la serpiente del maizal, *Elaphe g. guttata,* se mencionará con frecuencia la palabra «normal». Este término se refiere al colorido de los ejemplares que se suelen capturar en su hábitat natural, el cual siempre varía algo dependiendo de la situación geográfica. La serpiente del maizal básica es de color naranja pálido con manchas dorsales y laterales rojas bordeadas de negro (a menudo claramente perfiladas). El vientre presenta manchas llamativas de color blanco y negro. Las crías tienen menos colorido que las adultas.

En la actualidad, las serpientes del maizal se crían en cautividad en grandes cantidades, pero hace tan sólo unas cuantas décadas, si un aficionado quería una serpiente del maizal tenía que comprar un ejemplar capturado o bien capturarlo él mismo.

Primeros encuentros personales

Durante la década de los 50, un amigo del autor de este libro, un profesor que tenía un extraordinario interés por las serpientes, compró una serpiente del maizal al Ros Allen's Reptile Institute (institución que hace tiempo que dejó de existir). Cuando sacó a la serpiente de la bolsa, el autor no daba crédito a sus ojos: ¿Cómo era posible que pudiera existir una serpiente de colores tan vivos? Así era y, aunque tardó varios años, logró encontrar esta especie en el campo.

Por aquel entonces, Gordon Johnston y el autor estaban tan interesados en las serpientes que hacían excursiones por el campo para verlas en su hábitat natural y tratar de aprender más sobre ellas.

Uno de los primeros «animales exóticos» que vieron fue una serpiente del maizal. El área de distribución de las serpientes del maizal incluye el sur de Nueva Jersey, por lo que hicieron varios viajes en busca de esas serpientes rojas, sin obtener buenos resultados. El encontrar una serpiente del maizal en el campo se convirtió para ellos casi en una obsesión. Al final lo consiguieron, pero después de viajar mucho más lejos. Durante unas vacaciones de Semana Santa (hace más de cuatro décadas) partieron hacia Okeetee, en Carolina del Sur, donde se decía que había muchas serpientes del maizal y que eran extraordinariamente bellas.

En aquella época, Okeetee era un lugar muy poco conocido, lleno de casas y graneros decrépitos y abandonados, y de montones de chatarra oxidada.

Los dos amigos buscaron entre los montones de chatarra y no encontraron nada de interés. Esto no era de extrañar, dado que las serpientes a veces son difíciles de encontrar, incluso cuando se las busca intencionadamente. En una zona de descanso, el autor dio la vuelta a una lámina de metal. Allí, entre la agujas de los pinos, había una serpiente con manchas de color escarlata vivo en forma de silla de montar, bordeadas con una

La búsqueda nocturna por las carreteras puede deparar sorpresas

franja de color negro azabache, sobre un fondo de color rojo-anaranjado intenso. A lo largo de los años el autor de este libro ha visto muchas serpientes del maizal en el campo, pero ninguna ha dejado en su memoria un recuerdo tan vivo como aquella primera serpiente del maizal de Okeetee.

La segunda serpiente del maizal fue una cría apenas más grande que un cordón de zapatos, notable porque era albina. La vimos mientras viajábamos por la noche a 100 km por hora por una carretera de mucho tráfico por el centro-oeste de Florida. Habíamos ido al campo con dos amigos, con el fin de buscar y fotografiar algunas de las bromeliáceas y orquídeas menos comunes de Florida. Las serpientes no eran nuestro principal objetivo. De pronto, nos pareció ver una pequeña serpiente, tal vez una rey escarlata, en la línea central de la carretera. Después de parar el coche a un lado, el autor salió a toda prisa y retrocedió corriendo, con una linterna que iluminaba el borde de la carretera. De pronto vio una serpiente diminuta justo al lado de la carretera, pero no era una serpiente rey escarlata: era una serpiente del maizal, y era albina.

Aquella pequeña serpiente resultó ser un macho que engendró toda una dinastía de serpientes del maizal albinas, pero ahora existen literalmente docenas de variedades normales y de colores raros de serpientes del maizal que se pueden comprar a criadores particulares o en tiendas de animales. Vamos a examinar las variedades de serpientes del maizal naturales y creadas.

Las variedades de color

Variedad de Miami. De tono marrón sobre gris perla, se ve con frecuencia en gran parte del tercio sur de la península de Florida. Esta resistente serpiente sigue viviendo en algunas zonas del centro de Miami.

Serpiente ratonera rosada. Se encuentra en el sur de Florida, en los cayos. Se trata de una variedad muy común de la serpiente del maizal, aunque algo más pequeña de lo habitual. Es una serpiente del maizal más pálida, con escasa pigmentación negra. Aunque antiguamente se denominaron *Elaphe guttata rosacea*, las serpientes del maizal de los cayos se consideran actualmente como una variante de la ratonera roja, eliminándose el término subespecífico de *rosacea*.

Todas las serpientes del maizal de los cayos de Florida se consideraban antes rosadas, pero este término se aplica ahora más bien a las que proceden de la zona más baja (Lower Keys). Estas presentan muy poca cantidad de color negro en su dibujo, pero esto mismo les sucede también a algunas poblaciones de serpientes del

El término «serpiente ratonera rosada» se aplica a un tipo de serpientes del maizal de colores pálidos que habitan en los cayos bajos de Florida

maizal del interior de Florida. Muchas especies originarias de Hillsborough y Pinellas (la zona de la bahía de Tampa) son tan rosadas como las procedentes de Lower Keys.

Las serpientes del maizal de Lower Keys tienen fama de ser difíciles de encontrar. Nosotros no estamos de acuerdo con esta consideración. Hace algunos años nos encontrábamos en uno de estos cayos bajos y vimos media docena de serpientes del maizal en dos noches. Durante una excursión fotográfica que hicimos recientemente por aquella zona encontramos una pareja de serpientes del maizal, de tonos muy vivos, sin tan siquiera buscarlas, debajo de unas traviesas de las vías del tren en Key West. En realidad, las serpientes del maizal de Key, más que ser escasas, son muy huidizas. Las de Lower Keys están protegidas en Florida.

Serpiente del maizal rojo sangre. Cerca de Gainesville, Florida, se encontró esta serpiente de color especilmente intenso. Carece de manchas oscuras en forma de silla de montar. Las crías no son muy bonitas. Su fondo es de color claro y las manchas están mucho más definidas que cuando son adultas; sin embargo, el negro del vientre y las manchas laterales están bastante reducidos. El vientre de esta variedad suele ser tan rojo como el dorso, pero a veces está cubierto de manchas difusas de color blanco. El tono negro que normalmente perfila las manchas dorsales en forma de silla de montar no aparece. (Esta variedad ha demostrado ser bastante difícil de mantener en cautividad. Si usted se está planteando la posibilidad de adquirir una, asegúrese de que consigue un ejemplar que coma sin problemas).

Otras variedades

Otras variedades son, por ejemplo, la arrebol (amelanística rojiza) y una variedad de Okeetee, también amelanística, con manchas dorsales blancas en lugar de negras.

Serpientes del maizal caña de azúcar. Se caracterizan por sus manchas muy definidas, de color rojo oscuro o naranja rojizo, sobre un fondo más claro de lo normal. Su aspecto general es bastante bonito.

Serpientes del maizal nieve. Su fondo es de color blanco perlado y sus manchas dorsales, cuyo centro es también blanco perlado, están bastante definidas pero son de color pálido. Con el tiempo, a veces desarrollan una tonalidad amarilla, anaranjada, rosa o verde. Cuando se produce este colorido, suele ser más intenso en la parte anterolateral de la serpiente.

Serpientes del maizal fantasma. Son hipomelanísticas (melanina reducida) y aneritrísticas (sin pigmentación roja); su color es rosa casi translúcido al nacer, y se vuelven algo azuladas con el tiempo.

Serpientes del maizal ventisca. Son parecidas a la serpiente del maizal nieve, pero sin ningún tipo de dibujo. Básicamente, se trata de serpientes blancas con ojos de color rojo rubí.

Serpientes del maizal hipomelanísticas. Son rojas sobre naranja, con algunos toques oscuros. Su dibujo dorsal consiste en una banda irregular, llamada zigzag o cremallera. Sus manchas dorsales, que en otros casos son generalmente anchas, en ella son algo más estrechas y muchas están conectadas por una línea más fina e irregular que atraviesa el centro del dorso. Este dibujo puede estar presente en

Esta serpiente del maizal «nieve» adulta, perteneciente a Randi Sherman, es un magnífico ejemplar

Bill Brant (de The Gourmet Rodent) desarrolló la «serpiente del maizal de Navidad». Sus manchas dorsales, en forma de silla de montar, aparecen bordeadas de color verde oscuro en vez de negro

serpientes del maizal amelanísticas (albinas), normales (rojas), o aneritrísticas (negras). Dado que estos especímenes aneritrísticos conservan algo de color negro, sus manchas dorsales y laterales, aunque son algo borrosas, están bastante definidas.

Existe una variedad de serpiente del maizal «multicolor», que a veces presenta unas conexiones entre las manchas en forma de bandas, de H o de escalera. Las manchas que tienen forma de silla de montar pueden ser igual de anchas que el pigmento claro que existe entre ellas, o bien abarcar más espacio. Tanto si las manchas son anchas como estrechas, grandes o pequeñas, siempre están más definidas en la mitad dorsal, y se mezclan (a veces casi imperceptiblemente) con el tono amarillento lateral. Las manchas laterales y el dibujo ventral, de existir, están muy reducidos. Este dibujo aparece también en mutantes albinos (amelanísticos).

El rasgo recesivo rayado, como el multicolor, reduce los dibujos del vientre; sin embargo, a diferencia de los dibujos dorsales irregulares de la serpiente del maizal multicolor, las rayadas presentan bandas dorsales bien definidas, completas o discontinuas, y bandas laterales longitudinales y discontinuas. Las rayas pueden tener un grosor regular o irregular, y se han desarrollado tanto en serpientes rojas normales como en mutantes aneritrísticos, amelanísticos y otros más complejos.

Las serpientes del maizal «albinas rojas» son muy hermosas y abundan en el mercado de animales de compañía

La serpiente del maizal «creamsicle» es el resultado del cruce selectivo entre la serpiente del maizal y la serpiente del maizal de los llanos. Fotografía tomada en Glades Herp

La forma mutada de la **serpiente del maizal navideña** tiene crías poco vistosas, que no anticipan los tonos claros verdes y carmesí que desarrollarán con la edad. Esta mutación es el resultado de criar de forma selectiva ciertas serpientes insulares de Carolina del Sur.

«Creamsicle» es el nombre que se da al cruce amelanístico entre la serpiente del maizal y su subespecie occidental, la serpiente del maizal de los llanos, *E. g. emoryi*. Mientras que el cruce normal produce una serpiente de colores generalmente más vivos que

Las serpientes del maizal «albinas» a rayas son muy bonitas y populares. Esta cría nació en Glades Herp

los de la serpiente del maizal de los llanos, pero no tanto como los de la serpiente del maizal común, cuando hay una mutación por medio, la descendencia resultante tiene un precioso color amarillo-blanco de fondo, y manchas anaranjadas o melocotón. La intensidad del color de estos magníficos cruces aumenta con la edad.

Encontrar una serpiente del maizal en su medio natural

Dentro de su área de distribución, las poblaciones de serpientes del maizal están desigualmente repartidas, siendo más escasas en la periferia de su zona. En algunos estados están protegidas, al igual que el resto de los reptiles, pero en otros se pueden capturar legalmente.

Para encontrar una serpiente del maizal hay que ir a donde están las serpientes: los bordes de los campos agrícolas (sobre todo maíz y soja, de ahí el nombre de esta serpiente), los bordes de los bosques, especialmente aquellos en los que hay basura esparcida por el suelo, o incluso zonas urbanas en las que queda algún sitio donde esconderse. Durante la primavera, camine despacio a lo largo del campo y de los bordes de los bosques, y vaya levantando los desperdicios (sobre todo hojalata para techar u otros posibles escondrijos). Pero tenga mucho cuidado: las serpientes venenosas también se esconden por ahí. Si se encuentra con una serpiente de una especie venenosa, vuelva a colocar la hojalata, o lo que sea, en su sitio con mucho cuidado, aléjese un poco y siga buscando. Cuando haga calor, recorra en coche viejas carreteras de campo al atardecer. Las serpientes suelen cruzarlas. Pero recuerde siempre que debe tener mucho cuidado antes de coger una serpiente, ya que las del maizal no son las únicas que cruzan las carreteras.

Tenga en cuenta que las serpientes del maizal se crían con frecuencia en cautividad, y que sus colores son muy variados, por lo que no es imprescindible capturar una para conseguirla. Contribuya a su conservación: encuéntrelas, mírelas y fotografíelas, pero

Los ojos empañados de esta serpiente del maizal indican una inminente muda de la piel. Muchas serpientes ratoneras que normalmente son «mansas» se vuelven hostiles cuando tienen dificultades de visión

Bill Love (de Glades Herp) crió y fotografió a esta hermosa serpiente del maizal «albina multicolor»

deje que sigan viviendo en su hábitat natural para que otros puedan verlas y disfrutar de ellas.

Cuidados y cría de la serpiente del maizal

Alimentación: Cuando son adultas, a las serpientes del maizal cautivas les encantan los roedores, y lo mismo sucede con la mayoría de las crías recién nacidas, y prácticamente con todas las jóvenes. En la naturaleza, las crías se alimentan tanto de anfibios y de lagartijas como de roedores. Algunas crías (aunque varias generaciones de sus antepasadas sean serpientes cautivas) se empeñan en alimentarse a base de lagartijas y ranas al principio. Estas obstinadas serpientes tal vez acepten ratones rosados después de unas cuantas comidas en las que se impregne a los roedores con el olor de sus presas preferidas. En tal caso se va disminuyendo la cantidad de olor impregnado hasta prescindir de él por completo.

Tamaño y comportamiento: El tamaño moderado de las serpientes del maizal (normalmente 1,30 m, aunque el récord oficial está en 1,80 m) y su carácter sociable las convierte en una especie ideal incluso para los neófitos. Los nuevos «colores de diseño» que existen actualmente y la posibilidad (y probabilidad) de que aparezca un nuevo color o dibujo en cualquier nidada mantiene vivo el interés de los aficionados,

Las serpientes se esconden debajo de cualquier cosa

incluso de quienes las conocen desde hace mucho tiempo.

Huevos: Las serpientes del maizal ponen normalmente entre 6 y 20 huevos, y pueden tener más de una nidada cada año. Las hembras pequeñas y jóvenes suelen tener nidadas menos numerosas que las más grandes y maduras.

Hibernación: No es necesaria para lograr que las serpientes del maizal se reproduzcan. Si usted decide hibernar a su serpiente del maizal, bastará con una temperatura comprendida entre 7 y 11 °C durante un periodo de 90 días. Algunos criadores mantienen a sus serpientes en total oscuridad durante la hibernación; otros prefieren un fotoperiodo natural, sin intervenciones.

Nosotros no enfriamos a nuestras serpientes del maizal reproductoras. Dejamos que las temperaturas invernales (diciembre, enero y febrero) desciendan unos cuantos grados durante el día y algo más por la noche, y aceptamos totalmente el fotoperiodo natural. Las reproductoras continúan alimentándose, pero se reduce el tamaño y la frecuencia de las comidas. El agua está siempre a su disposición. Con este régimen, las serpientes del maizal inician el ciclo de reproducción sin ningún problema.

Las serpientes «fantasmas» conservan un dibujo más marcado que las «nieve». Este ejemplar fue fotografiado en The Gourmet Rodent

Serpiente del maizal de los llanos

De todo el grupo de las serpientes del maizal, la que tiene un colorido menos vivo es la serpiente del maizal de los llanos, que habita en los estados centrales de Estados Unidos y en el norte de México. Aunque nosotros la hemos incluido dentro del grupo de las serpientes del maizal, algunos taxonomistas la consideran una especie aparte: *E. emoryi*.

Esta bonita y abundante serpiente presenta una agradable combinación de tonos grises. Nosotros la hemos visto sobre todo en las carreteras de Texas. Algunas veces, cuando no pasa nadie, las serpientes del maizal de los llanos cruzan las carreteras en grupos. A pesar de sus pálidos colores (la mayoría de ellas tienen tonos menos contrastados que las aneritrísticas), siempre es un placer encontrarse con estas criaturas. Las serpientes del maizal de los llanos rara vez miden más de 1,35 m de longitud, estando el récord en 1,53 m).

Variedades de color: Dado que las serpientes del maizal de los llanos tienen un color bastante pálido en comparación con otras que viven más al este, no hay muchos aficionados que las busquen. Entre las llamadas «de diseño», las de los llanos han contribuido con sus genes a la «creamsicle» (véase página 85). Se han encontrado

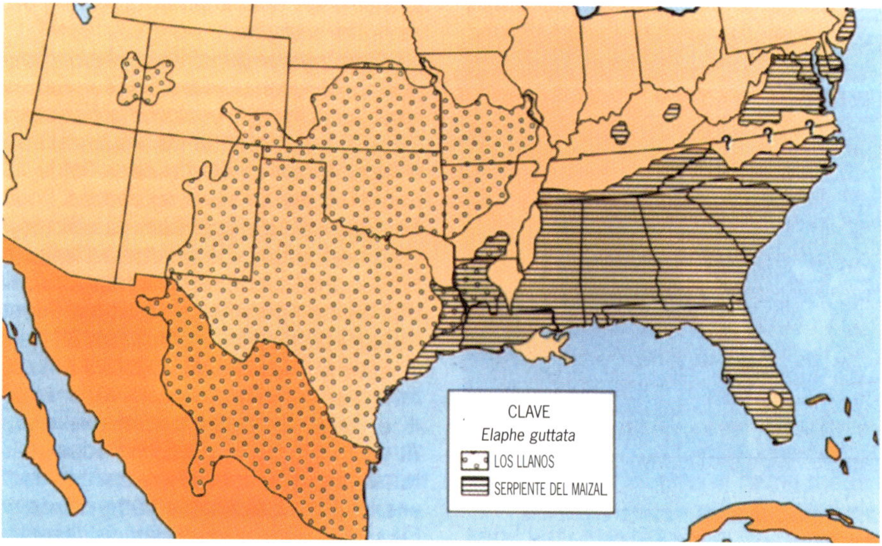

algunas serpientes de los llanos albinas, pero la mayoría de las que se ven actualmente en cautividad tienen algún gen de serpientes del maizal albinas.

Hibernación: Debido a que la mayoría de las serpientes del maizal de los llanos proceden de zonas más frescas que otras serpientes del maizal, tal vez necesiten un periodo de hibernación para iniciar la reproducción. Por ello se recomienda reducir la temperatura invernal (7-11 °C) y la luz durante 70-90 días.

La serpiente ratonera negra y sus subespecies: las negras, las amarillas y sus parientes

Estas serpientes ratoneras pueden considerarse norteamericanas, ya que limitan su distribución geográfica a la zona oriental de Norteamérica, entre Canadá y México. Existe una excepción: una pequeña población de serpientes ratoneras negras que habita en Canadá, en el extremo oriental del lago Ontario.

Para los principiantes: Desde el punto de vista de la resistencia, los distintos miembros de este grupo son ideales para iniciarse en este *hobby*. Se reproducen sin problemas tanto si se someten a un periodo de adormecimiento invernal como si no, aunque algunas que proceden de zonas norteñas sí lo necesitan para reproducirse. La mayoría de ellas se alimentan bien todo el año si se mantienen a una temperatura lo bastante cálida. Casi todos los ejemplares que se venden en las tiendas proceden de la cría en cautividad, lo cual disminuye el número de ejemplares capturados. La cría en cautividad ha conseguido ejemplares albinos (amelanísticos) y otras variedades de diseño.

Capturar un ejemplar: Si usted vive en el este de los Estados Unidos o lo visita, puede capturar una *obsoleta* personalmente. Abundan en los mismos sitios que otras ratoneras: en zonas donde hay basuras, campos abiertos, bordes rocosos o troncos soleados. El único inconveniente de capturar una de estas serpientes es que los ejemplares adultos son gran-

Busque a *obsoleta* por la noche en los árboles situados junto a las carreteras des e impresionantes, y todas las subespecies muerden si se sienten amenazadas. La mayoría de ellas acaban domándose si se las manipula con amabilidad.

En la actualidad están reconocidas cinco subespecies de *obsoleta*: la serpiente ratonera negra, *E. o obsoleta;* la serpiente ratonera amarilla, *E. o. quadrivittata;* la serpiente ratonera de las Everglades, *E. o. rossalleni;* la serpiente ratonera gris, *E. o. spiloides;* y la ratonera de Texas, *E. o. lindheimeri*. Además, hay al menos cuatro cruces fácilmente reconocibles (tres de los cuales se consideraban antes subespecies): la variante Hamaca del Golfo, *E. o. spiloides* x *E. o. quadrivittata* (que antes se denominaba *E. o. williamsi);* la variante de los cayos (con manchas y franjas de color naranja-marrón, y que antes se llamaba *E. o. deckerti);* y la variedad oscura, de rayas y manchas estrechas, procedente de Outer Banks, de Carolina del Norte, antes llamada *E. o. parallela* (el nombre común de esta serpiente parda era «serpiente ratonera de Outer Banks»). El cruce entre ratonera negra y amarilla, procedente de las Carolinas y de otros lugares donde lindan sus zonas geográficas, se suele denominar «ratonera verdosa».

Habitantes de los árboles: Las serpientes del grupo *obsoleta* son en su mayoría arborícolas, pero pueden encontrarse también en vertederos cercanos a las carreteras o entre otras basuras de los humanos. En ciertas zonas de Florida pueden encontrarse serpientes ratoneras amarillas y grises, sus cruces y serpientes del maizal, simplemente alumbrando por la noche con una linterna potente las cunetas de las carreteras o los árboles. En el pasado abundaban las ratoneras negras, las serpientes del maizal y las ratoneras de las Everglades en las casetas donde se controlaba el riego de los cultivos, a pesar del fuerte olor a gasolina que estas despedían.

Neumáticos: Antes había otro sitio, menos conocido, donde buscar serpientes ratoneras en el sur de Florida: se trataba de los restos de cámaras que se podían encontrar a los lados de las carreteras. Para quienes no las recuerden, estas cámaras son predecesoras de los actuales neumáticos sin cámaras. Cuando una rueda se pinchaba, se separaba del eje central y se sacaba la cámara pinchada, que casi siempre se tiraba a la cuneta de la carretera. Estas cámaras eran de color negro, por lo que se calentaban rápidamente incluso durante los días más frescos. De alguna manera, las serpientes ratoneras aprendían que estas cámaras pinchadas, calentadas por el sol, eran un buen lugar para termorregularse durante los días fríos. Caminando por las cunetas y bus-

Serpiente ratonera americana *(E. obsoleta)*

cando estas cámaras se podían encontrar bastantes serpientes ratoneras, algunas veces más de una bajo una misma cámara. Era una forma fácil de cazar, pero pronto pasará a la historia.

Subespecies y cruces de obsoleta

Los miembros del grupo *obsoleta* son tan interesantes que hablaremos de ellos por separado. Algunos de ellos son muy apreciados por los aficionados americanos y europeos, y recientemente también por los asiáticos.

Reproducción: El tamaño y la edad de la serpiente determinan su madurez sexual. Todas las *obsoleta* son ovíparas y, si se alimentan en abundancia, la mayoría de ellas pueden alcanzar la madurez sexual durante su segundo verano. Las que crecen despacio suelen madurar al tercer año de vida. Las hembras de 90 cm de longitud son capaces de reproducirse y tener nidadas de tamaño medio. Una hembra de serpiente ratonera amarilla de 80 cm de largo, que en realidad era delgada para su tamaño, tuvo cinco huevos viables. Los ejemplares pequeños y jóvenes tienen menos huevos y de menor tamaño que las adultas mayores. La nidada de una hembra sana y adulta (a partir de los cuatro años de edad) suele ser de 25 huevos o más. Estos se incuban fácilmente (la temperatura recomendable es la comprendida entre 28 y 30 °C) y abren a los 60 días. Las crías son robustas al nacer y se desarrollan con facilidad. Pueden medir más de 30 cm de longitud, e incluso algunas han llegado a medir 40 cm.

La serpiente ratonera negra

La serpiente ratonera negra, *E. o. obsoleta*, es la más grande de las distintas subespecies y, con un tamaño récord de 2,56 m, es una de las serpientes más grandes de Estados Unidos. Su nombre específico significa «pálido», y probablemente se refiere al colorido apagado de esta serpiente.

Área de distribución: La serpiente ratonera negra es el miembro que vive más al noreste de todo el grupo. Se extiende desde el extremo sur de Ontario, el sur de Massachusetts y el sureste de Minnesota, hasta el norte de Louisiana y el centro de Georgia. No habita en la llanura costera de las Carolinas, donde la sustituye una serpiente ratonera amarilla de menor tamaño pero de colorido más vivo.

No totalmente negra: Aunque normalmente es de color oscuro, y por tanto menos atractiva visualmente que otras serpientes de colores más vivos, la ratonera negra es una de las preferidas de muchos principiantes amantes de los reptiles. Es muy común, de aspecto impresionante y muy resistente. En el mercado se venden al menos dos tipos genéticamente distintos de formas albi-

Bruce Morgan posee muchos híbridos poco vistos de serpientes ratoneras. Este ejemplar es un híbrido entre una serpiente ratonera negra y una serpiente del maizal

nas y, para complicar aún más las cosas, también existen ahora una serie de cruces entre ratoneras negras albinas y otras subespecies cuyos nombres a veces (no siempre) reflejan su linaje. El colorido normal de la serpiente ratonera negra varía considerablemente dentro de su amplia zona de distribución geográfica. Las más oscuras (negras) parecen proceder del noreste y de las montañas del sudeste. Los ejemplares que nosotros hemos encontrado al sur de las Blue Ridge Mountains han sido tan oscuras como las halladas en los Berkshires de Massachusetts. Por otro lado, las serpientes ratoneras negras procedentes de la parte oriental de su territorio suelen ser más marrones que negras. Los individuos más grandes tienden a ser los más oscuros. Bajo una luz intensa, las manchas oscuras de la infancia pueden apreciarse todavía en la mayoría de ellas. Es el color de fondo claro el que queda cubierto por la melanina, llegando a oscurecer las manchas dorsales. La piel intersticial suele ser más clara (blanca o roja), y la garganta es clara (a menudo blanca). El colorido claro de la garganta se extiende a veces hacia el vientre.

Las dos variedades albinas son completamente distintas entre sí. Una de ellas es básicamente blanca, con manchas rojizas en forma de silla de montar y ojos rojos. La otra es mucho más roja, a menudo de color lavanda o

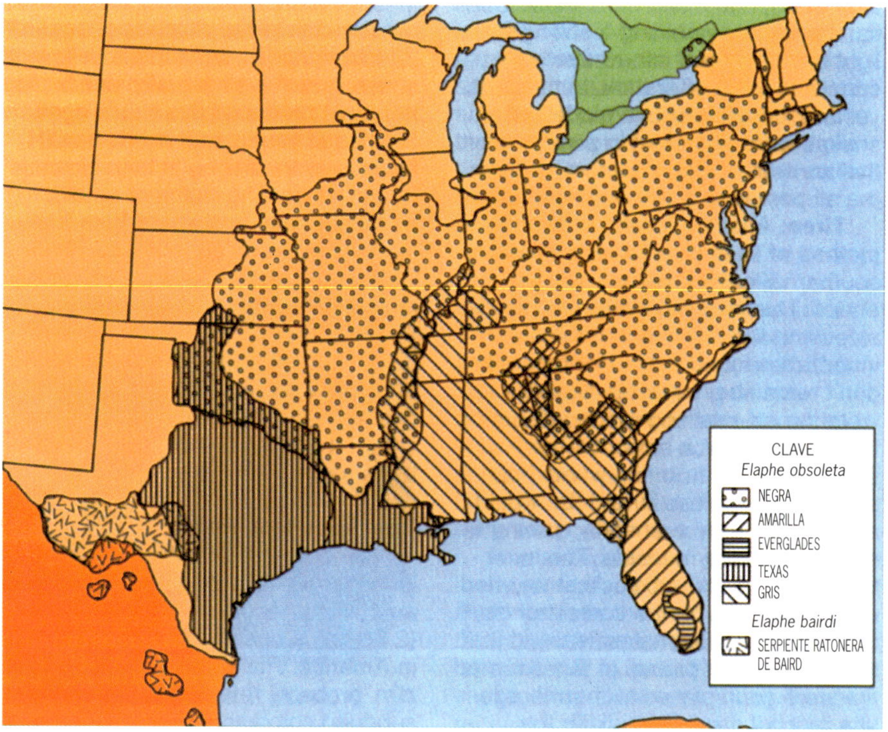

rojo pálido, con manchas dorsales de color fresa fuerte en forma de silla de montar. Curiosamente, diferentes factores genéticos determinan las anormalidades de color de estas dos serpientes. Así, cuando ambas se crían juntas (para sorpresa de la mayoría de los criadores), la descendencia resultante tiene un colorido pigmentado normal.

Una variante «abigarrada»: Esta variante, que tiene la melanina reducida de forma variable (hipomelanismo), se ofrece también a la venta actualmente. En cuanto a su color, puede variar desde un rosa tostado claro con manchas rojizas (más intensas y definidas en su parte anterior), hasta un marrón grisáceo con dibujo uniformemente repartido, sobre un castaño sucio. Estas serpientes tal vez no sean especialmente bonitas pero, sin duda, son distintas a las demás.

La serpiente ratonera *bubblegum albina* es una serpiente muy bella, con un linaje resultante de la combinación de la serpiente ratonera de las Everglades, que es amarilla, y la negra. Al crecer, las crías desarrollan manchas rosas sobre un color de fondo casi blanco, con diferentes toques de amarillo o naranja claro. Los anuncios que ofrecen estas serpientes a la venta dicen que «no hay dos iguales».

Serpiente ratonera amarilla

El nombre subespecífico de la serpiente ratonera amarilla, *E. o. quadrivittata,* se debe a las cuatro rayas bastante marcadas que presentan los ejemplares adultos. El nombre común hace referencia, claro está, a su color de fondo. Como sucede con todos los miembros de su grupo (a excepción de las ratoneras de las Everglades, cuyo color es claro), las crías de las ratoneras amarillas son bastante oscuras, con fondo de color gris y manchas de color casi negro en forma de silla de montar.

Área de distribución y color: El color de fondo de las serpientes ratoneras amarillas puede variar considerablemente. Las que habitan en la periferia norte y oeste de su zona suelen tener un tono de amarillo más pálido que las de la zona de la costa y del sur. Su área de distribución geográfica se extiende hacia el sur a lo largo de la llanura costera, desde el sur de la península de Albemarle, en Carolina del Norte, hasta el centro de Florida Keys. Los ejemplares de colores más intensos son los que hay desde el extremo sur de la península de Florida hasta la región de Big Pine Key.

El albinismo de las serpientes ratoneras negras se atribuye, al menos, a dos características distintas no compatibles. Por ello, la unión de dos serpientes ratoneras negras albinas puede producir crías de colorido totalmente normal

En la mayor parte de su territorio, la serpiente ratonera amarilla conserva su integridad subespecífica. Esta serpiente, que es la segunda en tamaño de las serpientes ratoneras pertenecientes a *obsoleta*, a veces ha llegado a sobrepasar los 2,10 m de longitud. Su color de fondo varía entre el amarillo paja y un amarillo bastante vivo, y sus rayas pueden ser anchas o estrechas, oscuras o poco definidas. Los ejemplares adultos de algunas poblaciones conservan vestigios de las manchas en forma de silla de montar propias de las crías y en algunas zonas (como por ejemplo en el cabo Coral, Florida) las adultas conservan manchas bien definidas en forma de silla de montar y no tienen rayas.

Se han podido capturar serpientes ratoneras amarillas albinas en su medio natural, y actualmente se están criando en cautividad. Estas serpientes conservan las manchas, mientras que las rayas están muy poco marcadas.

Cruces: La serpiente ratonera verdosa es un cruce que se produce de manera natural entre la serpiente ratonera negra y la amarilla. Es común allí donde lindan las zonas de distribución de ambas subespecies: en zonas de Georgia, el extremo sur de Carolina del Sur y, hacia el norte, el sur de Tennessee. En ella las cuatro rayas, que en la edad adulta a menudo son de color verde oliva sucio, suelen estar muy marcadas.

La variante Hamaca del golfo, del noroeste de la península de Florida, es también un cruce natural entre la ratonera gris y la amarilla. Esta variante, cuyo color de fondo es grisáceo, conserva las manchas juveniles en forma de silla de montar y desarrolla las cuatro rayas habituales de las ratoneras amarillas.

De todas las variantes de serpiente ratonera que se producen de manera natural, la de Keys o de Deckert es la más atractiva. Al igual que sucede con la de Hamaca del Golfo, la variante de Keys conserva las manchas juveniles en forma de silla de montar y desarrolla rayas. Sin embargo, su color de fondo es naranja amarillento, naranja oscuro o naranja-marrón, y su lengua es negra. Las manchas pueden destacar o ser imprecisas, y de color marrón o castaño. Los animales más bellos son los que tienen el fondo de color naranja oscuro y manchas castañas. Al parecer, esta serpiente nunca ha abundado mucho. Hoy día, una serpiente ratonera de la variante de Keys se considera mucho más difícil de encontrar que la variante rosada de la serpiente del maizal (véase página 82).

La serpiente ratonera de las Everglades es nuestra *obsoleta* favorita. Estas grandes serpientes de color naranja con manchas oscuras estaban antes muy presentes en la herpetofauna del interior de Florida, al sur del lago

El abultamiento en el cuerpo de esta serpiente ratonera amarilla, encontrada en Alachua County, Florida, indica que ha comido recientemente

Okeechobee. Era la época en que el Cuerpo de Ingenieros del Ejército, la industria de la caña de azúcar y los dueños de plantaciones de hierba trataban de determinar cuál era la forma más eficaz y barata de explotar las Everglades. Por aquel entonces (hace más de cuatro décadas), una carretera que iba desde Clewiston hasta Andytown (está última ciudad ahora enterrada bajo un laberinto de autopistas interestatales), la U.S. Route 27, revelaba sólo las Everglades y enormes extensiones de juncias al este y al oeste. Algunas veces la hierba estaba seca, y otras, tras el paso de una tormenta tropical, las juncias estaban completamente anegadas de agua. Algunas matas colgantes de vegetación tropical se elevaban secas y aisladas entre sí en medio de vastas extensiones de juncias. Era en este hábitat donde vivía la serpiente ratonera de las Everglades. Estas serpientes pueden sobrepasar 1,80 m de longitud. Con ese tamaño resultan muy impresionantes. Su cuerpo, cabeza, barbilla y ojos son de color naranja (a menudo intenso). Su lengua es completamente roja (una pigmentación negra en la lengua indicaría la presencia de una ratonera amarilla en el linaje reciente de la serpiente).

Cambios en las poblaciones: Los recién llegados al mundo de la herpetología desconocen la intensidad y diversidad de colorido que presentaban antiguamente las serpientes ratoneras de la Route 27 al sur de Florida, pero nosotros recordamos bien a las serpientes ratoneras de las Everglades. En aquellos días, antes de los años setenta, las verdaderas ratoneras amarillas, con su color de fondo más pálido, sus rayas más definidas, su barbilla blanca y su lengua negra eran lo bastante escasas al sur de Clewiston como para provocar comentarios cuando alguien encontraba una. Varios años después de que los campos de hierba y caña de azúcar empezaran a producir (es decir a «explotar» a las Everglades), nosotros seguíamos encontrando numerosas ratoneras amarillas y de las Everglades a lo largo del mismo tramo de carretera. Hoy día, el 99 por ciento de las serpientes ratoneras que se encuentran a lo largo de la Route 27 no tienen prácticamente ninguna característica propia de las Everglades. Esto se debe probablemente a que la explotación de las Glades permitió a las ratoneras amarillas desplazarse hacia el sur, inundando genéticamente a sus primas de la Everglades. De este modo, con cada generación nueva, las características propias de las ratoneras de las Everglades se fueron atenuando. Hoy día, a excepción de unos cuantos ejemplares que conservan algunas de estas características, las serpientes ratoneras de las Everglades silvestres son un recuerdo del pasado, lo mismo que sucede con las Glades.

Éxitos de la cría en cautividad: ¿Significa esto que las serpientes ratoneras de las Everglades han desaparecido por completo? Afortunadamente, no. Gracias a la cría selectiva, los herpetólogos han logrado conservar esta subespecie en buenas condiciones, quizá incluso mejorada. No sólo se producen todos los años serpientes ratoneras de las Everglades, sino que también se ha desarrollado una variedad hipomelanística. Con la reducción de la melanina, el color corporal de las adultas es de un naranja rojizo resplandeciente. Esta serpiente se parece más a nuestra idea de cómo debería ser una albina, que las auténticas albinas.

Otras variedades: Otro proyecto que incluye a las serpientes de las Everglades ha producido una variedad recesiva sin manchas. Ni siquiera las crías presentan las manchas dorsales normales. Se ha desarrollado también otra subespecie con franjas de la cual existen ahora a la venta una variedad de pigmentación normal y otra amelanística.

La serpiente ratonera gris

Con la serpiente ratonera gris, *E. o. spiloides*, los criadores han hecho pocas mejoras. Esta serpiente es la versión sureña (más clara) de la serpiente ratonera negra del norte. En realidad, existen dos variedades de color de la ratonera gris: la gris oscura sobre fondo gris («variedad normal»), y la gris más clara

Bill Love (de Glades Herp) ha desarrollado variedades interesantes de la serpiente ratonera de la Everglades. Él mismo fotografió este ejemplar hipomelanístico

Aquí se ven las crías de tres subespecies de *Elaphe obsoleta*. La serpiente ratonera negra es la más oscura, la serpiente ratonera amarilla es la siguiente más clara, y la serpiente ratonera de las Everglades es la más clara de todas

La serpiente ratonera negra es una de las más extendidas y que con mayor frecuencia se encuentran

«Them» fue una serpiente ratonera de Texas, de pigmentación normal pero bicéfala (con dos cabezas), que perteneció a Glades Herp

Actualmente, las serpientes ratoneras de las Everglades son muy difíciles de encontrar en libertad. Este es un ejemplar criado en cautividad

y bonita, sobre fondo blanco grisáceo («variedad roble blanco»).

Las oscuras manchas dorsales en forma de silla de montar que presenta la variedad normal (que esta subespecie conserva a lo largo de toda su vida y a las cuales debe el nombre subespecífico de *spiloides*, que significa «a manchas») suelen estar perfiladas con un fino borde más oscuro todavía. Las de la variedad roble blanco a menudo están bordeadas de gris muy claro. Estas manchas pueden ser totalmente oscuras o con el centro claro. Las ratoneras grises conservan las manchas de la infancia.

Arborícolas: Las ratoneras grises son arborícolas. Aunque nosotros hemos cogido muchas cruzando carreteras poco transitadas, se han visto muchas de ellas en árboles y en tejados de edificios abandonados. La serpiente ratonera gris más grande conocida medía 2,13 m.

Área de distribución: Las serpientes ratoneras grises pueden hallarse desde Panhandle Florida, en la costa, hasta el oeste del Mississippi. Desde allí se extienden en dirección norte hasta el norte de Alabama, hacia el valle del río Mississippi (más templado), y hasta el extremo oeste de Kentucky, el sudeste de Illinois y la adyacente Indiana.

La serpiente ratonera de Texas

Si a usted le cautivan las serpientes de carácter beligerante, permítanos presentarle a la serpiente ratonera de Texas (o de Lindheimer), *E. o. lindheimeri,* que debe su nombre al her-

Aunque esta ratonera amarilla de los cayos, perteneciente a Bruce Morgan, puede perder intensidad de color con el tiempo, se trata de una de las más bellas que hemos visto

La ratonera gris, bonita a su manera, no es muy solicitada por los coleccionistas

Aunque el albinismo se ve algunas veces entre las serpientes ratoneras de Texas, los ejemplares totalmente blancos son leucísticos, más que albinos. Fotografía tomada en Glades Herp

petólogo Fred Lindheimer. Probablemente no haya en América del Norte otra serpiente inofensiva tan dispuesta a morder.

Color: La serpiente ratonera de Texas es otra de las subespecies que conserva las manchas durante toda su vida. En cuanto a su colorido, la mayoría de las ratoneras de Texas son más claras que las ratoneras negras y más oscuras que las grises. Su color de fondo puede variar entre el amarillo paja y el naranja, pero generalmente es tostado o marrón claro. Las manchas dorsales son bastante alargadas, estrechas y de un tono marrón más bien oscuro, ya sea con el centro claro o sin él. El contraste entre las manchas dorsales oscuras y el color de fondo claro no es muy marcado. La piel intersticial lateral puede variar entre amarillo y naranja. El color intersticial puede extenderse hasta los bordes de algunas escamas laterales, pero dado que el borde de las escamas se solapa, no se aprecia su brillo a menos que la serpiente esté hinchada por la comida o fuertemente enroscada.

Otras variedades: Hoy día, pocos aficionados trabajan con serpientes ratoneras de Texas normales, capturadas en su medio natural; sin embargo, muchos de ellos tienen y crían dos de las mutantes más comunes: una albina (en realidad amelanística, más que verdadera albina), y otra leucística (véase Glosario). De estas dos, la albina es la menos hermosa, siendo de color blanco (casi translúcida cuando sale del huevo) con manchas rosas en forma de silla de montar. Sus colores se intensifican algo con el paso del tiempo. Las manchas dorsales de los adultos suelen ser de color fresa pálido. Los ojos de la amelanística son de color rosa.

La variedad leucística es una criatura muy hermosa. Es de color totalmente blanco, sin dibujo, y sus ojos son de un azul grisáceo.

La serpiente ratonera de Baird

La serpiente ratonera de Baird es otra de las especies que a menudo se encuentran por casualidad. De hecho, el autor de este libro vio por primera vez una de ellas hace unos treinta años mientras buscaba serpientes rey de franjas grises y ratoneras de Trans-Pecos en el oeste de Texas. El segundo ejemplar no lo vio hasta 1993, cuando se encontraba de nuevo en Texas buscando serpientes, y el tercero fue una sorpresa inesperada que descubrió la tarde siguiente a menos de cien metros de aquella que había visto tres décadas antes.

Aspecto: Aunque los colores de la ratonera de Baird, que es una serpiente de tamaño moderado, son apagados, se trata de un animal bonito, de fácil manejo y muy resistente. El color del dorso de los ejemplares adultos puede variar entre un gris perla ceniciento o marrón anaranjado y un naranja tostado bastante cálido. Los machos adultos suelen estar cubiertos de un naranja más abundante y luminoso que las hembras. Los adultos presentan cuatro bandas oscuras o anaranjadas de intensidad y contraste variables. Las dos bandas dorsolaterales suelen ser las que están más definidas. Los ejemplares de colores más vivos (sobre todo los que tienen bandas anaranjadas) suelen proceder de la parte situada más al sur de su territorio (los estados mexicanos de Nuevo León y Tamaulipas). La piel intersticial, y a menudo el borde anterior de cada escama, puede ser de un naranja bastante vivo. Toda la serpiente puede tener matices anaranjados, más intensos en su parte anterior. El vientre por lo general es amarillo o naranja sin dibujos. Las crías recién nacidas y jóvenes son grisáceas, con un intrincado dibujo formado por numerosas manchas finas en forma de silla de montar. Las manchas laterales son también muy numerosas y bastante definidas. Una oscura barra curva cruza el hocico, justo antes de los ojos, y una banda postocular, también oscura, se extiende desde el ojo hasta la boca. A medida que la serpiente crece, ambas marcas palidecen y con el tiempo desaparecen por completo. La cabeza de una serpiente ratonera de Baird adulta carece totalmente de manchas.

La serpiente ratonera de Baird (que debe su nombre a Spencer Fullerton Baird, un zoólogo del siglo XIX) se consideró al principio una subespecie de la

Los ejemplares de *E. bairdi* hallados en Texas suelen ser más grises que este individuo mexicano

muy extendida *E. obsoleta*. Se trata de una serpiente de cuerpo moderadamente pesado, con una longitud máxima de poco más de 1,50 m. Las hembras son, por lo general, más largas que los machos; estos suelen ser más anaranjados que las hembras. Dos variedades de color, la mexicana y la de Texas, están siendo criadas actualmente por los aficionados. La mexicana se diferencia de la de Texas por su cabeza gris y su fondo cubierto de naranja. Ahora que la gente está mostrando cierto interés por estas serpientes, que antes eran bastante caras, se están viendo cada vez con mayor frecuencia y a precios más baratos.

Reproducción: Aunque estas serpientes parecen reproducirse mejor si se someten a un periodo de hibernación, nuestras parejas produjeron huevos viables con poco más que un ligero enfriamiento y una reducción del fotoperiodo. Las crías miden unos 30 cm al nacer. Las nidadas comprenden entre cuatro y diez huevos. La incubación dura casi 90 días a una temperatura de 28-29 °C. Las crías casi siempre se muestran dispuestas a comer ratones recién nacidos. Las hembras grandes y sanas suelen tener dos nidadas anuales.

Las dos serpientes zorro

Hasta hace poco tiempo las dos serpientes zorro, la del este y la del oeste, se agrupaban como subespecies de *Elaphe vulpina*. Hoy en día se consideran dos especies independientes: la serpiente zorro occidental, *E. vulpina*, y la serpiente zorro oriental, *E. gloydi*. Esta división parece razonable, dado que en ningún momento sus áreas de distribución geográfica son contiguas ni ambas especies se cruzan de manera natural.

Las serpientes zorro probablemente deben su nombre común y científico de *vulpina* al olor a almizcle que producen sus glándulas anales. A algunas personas este olor les recuerda al zorro rojo; en todos los casos se trata de un olor almizcleño que conviene evitar no asustando a las serpientes.

Malas comedoras: Aunque son bonitas, ninguna de las dos serpientes zorro tienen buena fama como cautivas. Al igual que sucede con muchas especies de serpientes de latitud norte, las zorro capturadas en su hábitat natural (especialmente en el otoño, cuando se acerca su periodo de hibernación) pueden resistirse a alimentarse. Esta resistencia es natural en las serpientes que viven en la naturaleza, ya que se disponen a ocultarse en sus hibernáculos (véase Glosario, página 174). En cautividad, sometidas a temperaturas cálidas y a una actividad continua, estas serpientes pueden perder bastante peso corporal antes de estar preparadas (tanto física como psicológicamente) para alimentarse.

Colorido: A pesar de proceder de zonas distintas, ambas serpientes zorro son difíciles de distinguir cuando se desconoce el origen del ejemplar. El color de fondo de ambas tiende al amarillo paja, y las manchas dorsales y laterales (una media de 41 entre la nuca y la cola en el caso de *E. vulpina*, y 34 en el de *E. gloydi*) son oscuras. La cabeza de los adultos de ambas especies puede ser naranja o rojo-cobre, aunque la de *E. gloydi* suele tener un tono más vivo. Por desgracia, su cabeza rojiza a menudo hace que las serpientes zorro se confundan con las de cabeza cobre, y se aniquilen de inmediato. Por otro lado, el hecho de que agiten nerviosamente su cola entre la hojas cuando alguien se aproxima a ellas hace también que se las confunda con serpientes de cascabel.

Las crías jóvenes de ambas especies suelen tener un color de fondo más pálido que las adultas, y también poseen las manchas bordeadas de negro o de marrón oscuro. Por lo general se aprecia un dibujo en la cabeza, siendo la marca más destacada una barra transversal entre los ojos y una franja oscura postocular que se dirige hacia abajo en dirección a la mandíbula. Las marcas de la cabeza van perdiendo intensidad con el paso del tiempo.

Área de distribución: La serpiente zorro occidental ocupa un área bastante amplia. Vive en campos agrícolas, pantanos y bosques, desde la zona occidental de la alta península de Michigan, y más al sur, a lo largo de

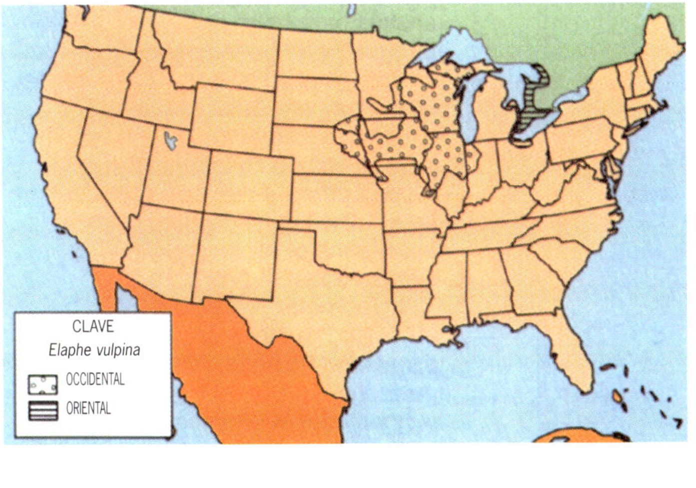

A las serpientes zorro a veces les cuesta aclimatarse, pero una vez que empiezan a comer, son muy resistentes. Ésta es una serpiente zorro oriental, *E. gloydi*

la costa oeste y sur del lago Michigan, hasta Illinois y el noroeste de Indiana, y desde allí hacia el oeste en dirección al sudoeste de Minnesota, el sudeste de Dakota del Sur y el este de Nebraska. Entra ligeramente en Missouri en su extremo noroeste y en el extremo noreste, y en una diminuta parte de la pradera central del este.

La serpiente zorro del este tiene un área de distribución mucho más limitada. Esta especie puede encontrarse en zonas concretas diseminadas a lo largo de las costas del lago Hurón y de la costa oeste y norte del lago Erie. Más exigente en cuanto a su hábitat que la serpiente zorro occidental, la especie oriental busca pantanos y bordes de los bosques de zonas pantanosas. Debido a lo limitado de su hábitat, la mayoría de los investigadores consideran que esta serpiente se encuentra en peligro de extinción.

Comportamiento en cautividad: La mayoría de las pocas serpientes zorro que entran en el mercado de las mascotas son ejemplares pertenecientes a la especie occidental capturados en su medio natural. Las serpientes zorro recién capturadas pueden luchar y morder con ferocidad, pero se apaciguan si se las manipula con amabilidad. Trate de adquirir sus ejemplares en primavera, época en la que se muestran más dispuestos a alimentarse.

Una vez aclimatadas y preparadas para comer, estas serpientes se convierten en interesantes mascotas que viven muchos años. El tamaño de los adultos es, aproximadamente, de 1,20 m de longitud, aunque algunos ejemplares de ambas especies llegan a medir 1,50 m.

Si hibernan, las serpientes zorro pueden reproducirse. Las nidadas son numerosas, sobrepasando a menudo los 20 huevos. Se aconseja una temperatura de incubación de 27-30 °C. Las crías, de unos 30 cm de largo, suelen comer sin problemas y crecen con rapidez.

La serpiente ratonera de Trans-Pecos y Baja California

Este género, bastante nuevo, contiene dos especies de serpientes ratoneras, ambas caracterizadas por su cuerpo delgado, cabeza grande y ojos saltones. Las dos fueron hace tiempo consideradas miembros del género *Elaphe*, pero los taxonomistas pensaron que sus divergencias eran lo bastante importantes como para formar un género distinto: *Bogertophis*. Su nombre genérico es un recuerdo de la contribución de Charles M. Bogert a la herpetología.

Las dos especies que componen este género son *B. subocularis*, la codiciada serpiente ratonera de *Trans-Pecos* (dos subespecies, ambas denominadas «subors», en lugar de «suboculares», por los aficionados). La segunda especie es la poco conocida serpiente ratonera de Baja California, *B. rosaliae*, a menudo llamada ratonera de Santa Rosalía.

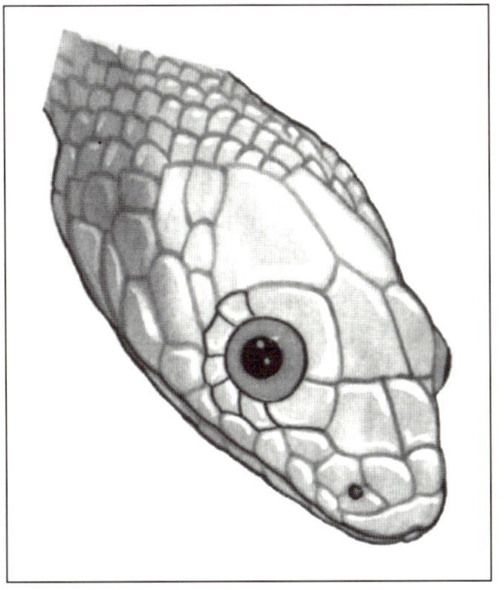

Tanto la serpiente ratonera de Baja California como la de Trans-Pecos presentan una sola fila de escamas bajo los ojos

Una fila extra de escamas: Estas dos serpientes comparten una característica desconocida en el resto de las serpientes ratoneras norteamericanas: poseen una fila extra de escamas, la cual separa los ojos de las escamas del labio superior. A estas escamas, llamadas suboculares, debe su nombre científico la serpiente ratonera de Trans-Pecos. Como cabría esperar tras observar sus grandes ojos, estas serpientes son básicamente nocturnas. Pueden verse cuando cruzan carreteras o cañones, desde poco después de la puesta de sol hasta las primeras horas de la mañana. Más que su escaso número, son sus hábitos nocturnos lo que las mantiene a salvo de los buscadores de serpientes. Hace algunos años, durante una noche lluviosa de agosto, nosotros pudimos ver siete pequeñas serpientes ratoneras de Trans-Pecos cruzando carreteras en sólo dos horas.

Estas son serpientes procedentes de climas áridos y amantes del calor, por lo que no se desarrollan bien en cautividad cuando viven en zonas muy húmedas (tales como la llanura costera del sudeste de Estados Unidos) o donde abundan las nieblas. Pero están a gusto en las estancias donde el aire acondicionado y la calefacción reducen la humedad. Sin embargo, en términos generales, nosotros no consideramos que ninguna de las especies de *Bogertophis* sea adecuada para los principiantes. Además, en nuestra opinión, tampoco son buenas para programas de cría, ni siquiera aunque los lleven a cabo aficionados con experiencia, cuando están viviendo en zonas húmedas.

Serpiente ratonera de Trans-Pecos

Área de distribución: *B. s. subocularis* se extiende desde el centro de Nuevo México y el oeste de Texas hasta los estados mexicanos de Durango y Nuevo León, situados más al sur. Es una criatura muy hermosa que presenta tres variedades distintas, además de contar con una subespecie bastante diferente y desconocida en el centro de México.

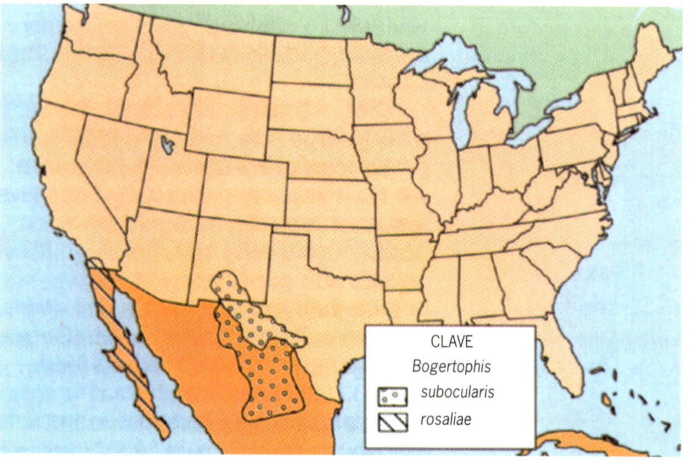

Hoy día, tanto la serpiente ratonera de Trans-Pecos de color normal (arriba) como la rubia (abajo) están siendo criadas en cautividad. Ambas son nocturnas y tienen grandes ojos

1. La variedad «normal» de *B. s. subocularis* vive en la mayor parte de la zona geográfica de esta especie. Su color de fondo es paja o amarillo verdoso. Su cuello presenta un par de bandas dorsolaterales negras, gneralmente bastante definidas, las cuales pierden intensidad y pasan a ser manchas en forma de H a lo largo del cuerpo. Cada «brazo» de la H está formado por un oscurecimiento de las bandas dorsolaterales. La barra que cruza cada H puede ser tan oscura como los brazos o bastante más pálida, o incluso no aparecer en absoluto (esto último parece suceder sobre todo en ejemplares nacidos y criados en cautividad). Con frecuencia presentan también manchas laterales poco definidas.

2. Una variedad «rubia» se produce ocasionalmente en la cuenca hidrográfica del bajo Pecos (sobre todo cerca de Terlingua, Texas). El color de fondo de esta variedad es mucho más amarillo que el de la normal, y las bandas dorsolaterales (incluso en el cuello) son mucho más difusas o incluso no aparecen. Las marcas del cuerpo, en lugar de forma de H, tienen aspecto de sillas de montar irregulares, con el centro más claro. La manchas laterales no siempre están presentes.

3. La tercera variedad es menos conocida. Sus marcas son iguales que las de la variedad normal pero, en lugar de tener el fondo de color amarillo, lo tienen de un gris plomo claro. Estas suboculares grises parecen limitar su zona de distribución a las montañas Franklin, una cadena montañosa situada cerca de El Paso, Texas.

En la actualidad unos cuantos criadores están desarrollando una variedad más bonita aún, de color gris más uniforme, a la cual llaman «plateada». Su aspecto es bastante diferente al de las demás, y se vende a precios más elevados que las suboculares normales.

Subespecie mexicana: Debido a que esta serpiente está protegida en México, no se conocen ejemplares de la subespecie *B. s. amplinotus* criados en cautividad. En esta subespecie las bandas del cuello son oscuras y de una anchura uniforme, y las manchas oscuras son variables y casi nunca tienen forma de H. Estas manchas son más anchas que los espacios claros que las separan, y las manchas laterales oscuras están muy marcadas; en conjunto, esta serpiente presenta un aspecto oscuro con barras claras, que contrasta con el de la forma nominal, cuyo aspecto es el de una serpiente clara con manchas oscuras. *B. s. amplinotus* parece limitar su área de distribución al extremo sur del territorio general de la especie.

Dieta: Aunque estas serpientes suelen alcanzar un tamaño y grosor considerables, las cautivas prefieren presas pequeñas. Los ejemplares adultos que nosotros hemos tenido aceptaban crías de ratones o ratas recién nacidas, pero no de mayor tamaño. Aunque pueden ser constrictoras, las nuestras simplemente sujetaban a las presas vivas con un anillo y comenzaban a tragarlas por la cabeza. (De todos modos, nosotros, por lo general, les dábamos animales sacrificados previamente). Las crías recién nacidas prefieren comer lagartos, especialmente los que tienen manchas laterales: *Uta stansburiana*, o anolis, *Anolis sp.*

Tamaño: En cuanto a su tamaño, la serpiente ratonera de Trans-Pecos puede alcanzar 1,65 m de longitud.

Reproducción: La ratonera de Trans-Pecos suele reproducirse bastante tarde, dado que la hembra experimenta dos (o incluso tres) mudas después de la hibernación antes de estar lista para la reproducción. Esta puede producirse en junio, y la puesta de huevos en agosto o septiembre, siendo el número de estos de tres a siete. La incubación deber realizarse a 28-30 °C.

Disponibilidad: La variedad normal de serpiente ratonera de Trans-Pecos se puede adquirir fácilmente y a precios relativamente baratos. La variedad rubia es algo más difícil de conseguir y por lo general cuesta al menos el doble que la normal. La plateada es escasa y, cuando se encuentra, cuesta mucho dinero. La *B. s. amplinotus* de Durango y Nuevo León no puede adquirirse en la actualidad.

La serpiente ratonera de Baja California

Área de distribución: El territorio conocido de la serpiente ratonera de Baja California está muy disperso. Sabemos con certeza que ocupa gran parte del estado mexicano de Baja California Sur, al menos hasta la ciudad de Santa Rosalía, en el golfo de California. Al norte de Santa Rosalía se ha visto en contadas ocasiones en Baja California Norte y en Imperial County, California. El hecho de que se la haya visto ocasionalmente sugiere que el verdadero territorio de *B. rosaliae* tal vez sea mucho mayor de lo que se conoce. Más que su escaso número, es el aislamiento de su territorio y lo limitado de su hábitat lo que hace que esta especie siga siendo poco frecuente en la cría de serpientes. Además, las leyes de México prohíben la captura y exportación de esta especie a los Estados Unidos si no es con un permiso especial.

Colorido: Esta bonita serpiente, aunque de colores pálidos, es casi

Se han capturado pocos ejemplares de las serpiente ratonera de Baja California, *E. rosaliae*. Sin embargo, unos cuantos criadores tienen esta especie y la están criando

monocromática en su edad adulta, y apenas tiene algo de dibujo cuando es pequeña. Las crías son de un color tan claro que parecen translúcidas. El colorido de las adultas puede variar entre castaño verdoso y marrón rojizo. Las crías son más claras y presentan franjas transversales dorsales de color blanco poco definidas (o, al menos, más claras).

Dieta: A pesar de su notable tamaño y grosor, las cautivas prefieren presas pequeñas como, por ejemplo, crías de ratones y suelen aceptar ratas recién nacidas. Nuestros ejemplares rechazaban ratones y ratas de mayor tamaño. Aunque son capaces de constreñir, las nuestras solían inmovilizar a las presas vivas con un solo anillo y luego las tragaban. La mayoría de las veces, les dábamos animales previamente sacrificados. Aunque algunas crías están dispuestas a comer ratones recién nacidos, sin duda prefieren lagartos del tamaño adecuado. El tipo favorito parece ser el lagarto de manchas laterales *Uta stansburiana*, seguido de anolis, *Anolis sp.*

Tamaño: La serpiente ratonera de Baja más grande que se conoce medía 147 cm; la mayoría de ellas miden, como mucho, 1,20 m.

Reproducción: La serpiente ratonera de Baja California también tarda en reproducirse, ya que la hembra tiene que mudar dos o tres veces después de la hibernación antes de hacerlo. La cría a veces no se produce hasta junio. La puesta de huevos tiene lugar en agosto o septiembre.

Disponibilidad: Algunos criadores especializados sacan a la venta de vez en cuando crías de *B. rosaliae*. El coste de estas serpientes alcanza varios cientos de euros por unidad. A pesar de su elevado precio, se venden inmediatamente. El hecho de que haya pocas serpientes ratoneras de Baja en las colecciones de Estados Unidos, de que no sean fáciles de criar y de que las que se reproducen tengan nidadas pequeñas hace que los precios se mantengan elevados y que esto vaya a seguir siendo así en un futuro cercano.

La serpiente ratonera verde y sus parientes

En cierta ocasión el autor de este libro estaba acampado en las montañas de Chiricahua, al sureste de Arizona. Aquella noche, en lugar de dormir, estuvo sentado casi todo el tiempo. Al campamento acudieron de visita mofetas, mapaches y coatís, y más tarde un reptil bastante especial que hizo que la vigilia mereciera la pena.

El reptil era una serpiente ratonera verde, *Senticolis triaspis intermedia* (entonces *Elaphe chlorosoma*). Era la primera vez que veía una de estas serpientes en libertad y hasta hoy sólo ha visto unas pocas más, la mayoría de las

Las distintas subespecies de *Senticolis triaspis* varían entre un tono verdoso *(intermedia)* en la zona norte, y un color más marrón aún *(triaspis)* que el que tiene la serpiente de esta fotografía. Esta es una *S. t. mutabilis* de Nicaragua, fotografiada en Glades Herp

cuales se encontraban en el interior de México. De hecho, a pesar de sus numerosos viajes al sudeste de Arizona, sólo ha llegado a ver otros dos ejemplares vivos de serpiente ratonera verde (y uno muerto en la carretera) al norte de la frontera. Ambos estaban a pocos kilómetros del primero que encontró.

El autor incluso tuvo más suerte de lo que pensó entonces porque, al parecer, los ejemplares de ratoneras verdes que viven en el extremo norte de su territorio son más bien diurnos y crepusculares que nocturnos. Uno de los otros encuentros tuvo lugar cruzando una vieja carretera cerca de Pardise, Arizona, durante una tormenta nocturna, y la que murió atropellada fue hallada una noche entre los numerosos coches que pasaban por una carretera cerca de Portal, Arizona. El último ejemplar vivo que vio al norte de la frontera lo encontró una tarde nublada, entre unos matorrales cercanos a una carretera.

Las *intermedia* que vio en México permanecían activas durante las tormentas nocturnas de tiempo caluroso, en el estado mexicano de Colima; sin embargo, allí esta subespecie suele tener un color más parecido al marrón que al verde.

Para ver serpientes ratoneras verdes en su hábitat favorito de los Estados Unidos lo mejor es caminar a lo largo de los arroyos rocosos e intermitentes que recorren cañones poblados de robles, sicomoros, sauces y pinos en las cadenas montañosas de Chiricahua (y otras cercanas). Aunque hasta ahora nosotros nunca hemos encontrado una serpiente ratonera haciendo esto, hay allí tantas cosas que ver que nunca nos hemos sentido decepcionados.

El género *Senticolis* es uno de los últimos derivados de *Elaphe Senticolis* contiene sólo la especie *triaspis,* que a su vez contiene un número cuestionable de subespecies (probablemente tres: las subespecies son tan variables que resulta difícil saber dónde acaba una y dónde empieza otra).

Área de distribución: *Senticolis* es básicamente un género latinoamericano, siendo su única especie bastante común (aunque esquiva) y estando ampliamente extendida desde el extremo sudeste de Arizona hasta el este de Costa Rica.

Descripción: Su cabeza tiene una forma bastante peculiar, al ser alargada, algo plana y ancha en la zona temporal. Su hocico es bastante cuadrado.

Las serpientes ratoneras verdes que viven más al norte son verdaderamente verdes, al menos cuando son adultas. Las crías jóvenes presentan unas manchas dorsales en forma de silla de montar de color marrón y borde negro, y manchas laterales sobre un fondo amarillento. El vientre (tanto en las jóvenes como en las adultas) suele ser amarillo sin manchas. La mayoría de los ejemplares adultos que habitan en Arizona y el extremo norte de México pierden su dibujo al crecer. El color general de estas serpientes norteñas puede variar entre verde oliva y verde grisáceo, aunque en algunas ocasiones puede ser algo más vivo. Cuanto más al sur viven estas serpientes, más marrón suele ser su color.

Segunda subespecie: En Centroamérica, la serpiente ratonera verde tiene un bonito color marrón rojizo de fondo y se la considera perteneciente a la subespecie *mutabilis.* Al igual que sucede con la *intermedia,* al llegar a la edad adulta las manchas de *mutabilis* pierden vigor y las adultas grandes son casi (o totalmente) lisas.

Tercera subespecie: A diferencia de las otras dos subespecies mencionadas, *Senticolis triaspis triaspis,* de la península de Yucatán, Belice y la adyacente Guatemala, conserva lo que comúnmente se denomina «dibujo juvenil» durante toda su vida. Esta subespecie vive tanto en bosques bajos de espino como en campos agrícolas más despejados. Se la ha visto cruzando la carretera mexicana Route 80 por la noche, cerca de las ruinas mayas de Chichen Itza. Los ejemplares vistos, tanto los jóvenes como los adultos, presentaban manchas laterales y dorsales marrones bordeadas de negro, las cuales destacaban sobre un fondo de color marrón rojizo. El color de fondo suele ser bastante más claro (casi blanco) en las zonas donde linda con las manchas oscuras.

Cuidados en cautividad: Tanto si se la llama serpiente ratonera verde como ratonera del Yucatán, o si se utiliza

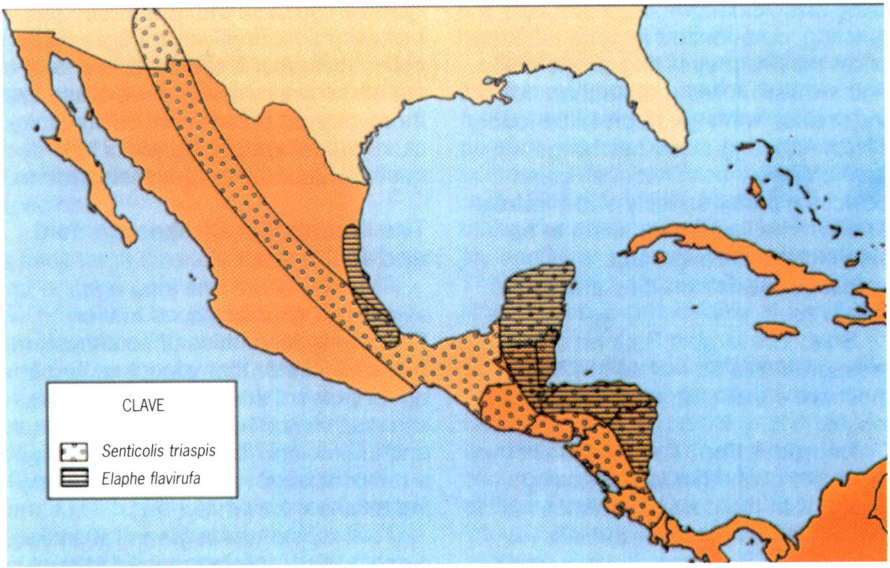

cualquier otro nombre común, la mayoría de los aficionados consideran que *Senticolis triaspis* es una serpiente difícil en cautividad. Esto es especialmente cierto en lo que se refiere a ejemplares procedentes de la zona norte de su territorio. Al igual que muchas serpientes subtropicales (sobre todo las que se alimentan, dependiendo de la ocasión, de lagartos, ranas y presas endotérmicas), las *S. triaspis* capturadas generalmente tienen numerosos endoparásitos en su cuerpo. Es indispensable que sean saneadas en la medida de lo posible, pero cuando la carga de parásitos y bacterias disminuye, *S. triaspis* puede resultar problemática. Aunque en su hábitat suele vivir cerca de los arroyos, las cautivas sufren si se las somete a un grado elevado de humedad relativa. Los ejemplares que proceden de las zonas más norteñas parecen especialmente propensos a padecer enfermedades respiratorias y problemas digestivos. Estos animales, además, sufren también con las temperaturas demasiado calientes o frías. Prefieren las temperaturas comprendidas entre los 21 y los 24 °C. Los que proceden de las regiones del sur son menos delicados.

Dieta: Esta es una de las especies de serpiente ratonera que prefiere alimentos de tamaño reducido. Por lo general aceptan ratones rosados y los digieren bien; no sucede lo mismo con otros ratones de mayor tamaño, los cuales pueden ser rechazados, o bien, si se aceptan, a veces son regurgitados. Los machos, que parecen ser el sexo más pequeño, son especialmente reacios a aceptar roedores grandes. Los individuos capturados en su medio natural muestran una clara preferencia por los ratones salvajes en lugar de domésticos. Las crías de todas las subespecies prefieren lagartos que roedores.

Necesidades en cautividad: A pesar de todos estos problemas, las serpientes ratoneras verdes y sus parientes que viven más al sur son muy buscadas por los criadores expertos. Sus precios son elevados, tanto si acaban de ser capturadas como si ya están aclimatadas. Estas remilgadas serpientes exigen habitáculos bastante complicados con un estricto control de temperatura y de humedad. Un refugio adecuado ayuda a que estas nerviosas serpientes se sientan más cómodas. Algunas cautivas que nosotros hemos tenido trepaban continuamente por las ramas (aunque en su hábitat natural no son tan arborícolas como se suele decir), tanto de noche como de día.

Las hembras de muchas serpientes ratoneras permanecen con sus huevos durante varios días. Esta es una hembra de *Elaphe flavirufa ssp.* con su pequeña camada de grandes huevos

Reproducción: Algunos criadores expertos han logrado mantener y criar serpientes ratoneras verdes. La mayoría de ellos viven en zonas muy cercanas al hábitat natural de estos reptiles, por ejemplo en Arizona, Nuevo México y el sur de California. Un periodo de letargo invernal parece indispensable tanto para mantenerlas en buen estado durante mucho tiempo como para que inicien el ciclo reproductor. La hibernación es una etapa crítica para estas serpientes, y las técnicas normales pueden producir enfermedades neurológicas temporales o semicrónicas. Un aficionado ha descubierto que cuando se mantiene una zona caliente cerca del hibernáculo, las *Senticolis* que están frías prefieren muchas veces mantener la cabeza y la parte delantera del cuerpo caliente mientras dejan el cuerpo en la zona fría. Parece ser que las serpientes sometidas a enfriamiento con este método tan peculiar no padecen problemas neurológicos después de la «hibernación». Sin embargo, otras personas que trabajan con serpientes ratoneras verdes simplemente las enfrían igual que a otras especies de montaña y no parece que tengan problemas inusuales cuando se calientan durante la primavera siguiente.

Una hembra de *S. t. mutabilis* preñada que tuvimos nosotros, la cual medía poco más de un metro de longitud, puso cuatro grandes huevos. Las crías medían algo menos de 30 cm, y salieron del huevo tras un periodo de incubación de casi dos meses a temperatura ambiente (en Florida varía entre 26 y 29 °C). Según parece, las hembras de *S. triaspis* alcanzan un tamaño mayor que los machos. Se han llegado a encontrar hembras de más de metro y medio, mientras que los machos raramente sobrepasan 1,25 m de longitud total.

Una versión latinoamericana de la serpiente del maizal

Elaphe flavirufa es otra de las muchas especies de serpientes ratoneras que no tienen un nombre común aceptado por todos. El único que nosotros hemos visto utilizar era el de serpiente del maizal mexicana. Dado que esta especie vive bastante al sur de México, este nombre no es del todo exacto. Aunque pocas veces se importa, *E. flavirufa* es una especie muy hermosa y, una vez limpia de endoparásitos, bastante resistente. Su color de fondo es gris, y sus manchas laterales y dorsales

Aunque la ratonera americana y tropical *E. flavirufa* no es muy común en cautividad, es una serpiente bonita y resistente

bordeadas de negro varían entre el color fresa y el castaño. Tal y como se especifica en el cuadro que presentamos más adelante, las manchas dorsales pueden ser discretas o bien conectadas a lo largo de toda la serpiente o de parte de ella. Esta especie se oscurece notablemente con la edad, y algunos adultos muy viejos son mucho menos atractivos que los ejemplares jóvenes.

Puede haber hasta cinco subespecies de esta serpiente, poco diferenciadas entre sí. Tanto es así que resulta más práctico presentar una clave básica que intentar describirlas por separado. A continuación presentamos una lista de los criterios actualmente utilizados para diferenciar a las distintas subespecies. Sin embargo, debe tenerse en cuenta que en casi todos los casos existen probabilidades de coincidencias parciales.

En realidad, hoy día son tan escasas las serpientes de este tipo que llegan al mercado de mascotas, que no tiene

Subespecie	manchas dorsales en su mayoría conectadas (zigzag)	discretas manchas dorsales	manchas laterales bien definidas	ausencia de manchas laterales	preoculares divididos X no divididos Y
flavirufa	X		X		Y
pardalina	X		X		X; 31 filas de escamas
polysticha	X		X		X; más de 32 filas de escamas
phaescens		X	X		
matudai		X		X	

Áreas de distribución:

Flavirufa: Costa este de México, desde el estado de Tamaulipas hasta Campeche, situado más al sur

Pardalina: Interior de Guatemala, Honduras y Nicaragua

Polysticha: Islas Caribe de Honduras

Phaescens: Península del Yucatán, en México

Matudai: Desconocida; sudeste de México

mucha importancia de qué subespecie se trate. Los aficionados interesados en emparejar a sus animales compran cualquiera de las subespecies. Si por casualidad consiguen una pareja de la misma subespecie, tanto mejor, pero si se ha importado un macho perteneciente a una subespecie y una hembra perteneciente a otra, normalmente se venden y se compran como pareja. Las subespecies pueden cruzarse, y dado que no hay posibilidad ni necesidad de ponerlas nuevamente en libertad, a la mayoría de los aficionados no les importa el mestizaje.

Ojos: Tan llamativos, quizá, como sus bonitos colores e intrincados dibujos son los ojos de *E. flavirufa*. Sus ojos son proporcionalmente grandes y su iris es de color blanco puro, lo que refleja las costumbres nocturnas de esta serpiente ratonera.

Tamaño: Algunas de estas serpientes llegan a medir más de 1,50 m de longitud, pero lo normal son entre 65 y 100 cm.

Reproducción: Aunque las distintas *E. flavirufa* proceden de lugares de clima subtropical, algunas vienen de las zonas frescas y bastante secas de esta designación climática tan indefinida, y otras, en cambio, de zonas cálidas y húmedas. Dado que nosotros no hemos criado a esta especie personalmente, sólo podemos sugerir algunos consejos para su cría. Nosotros las someteríamos a un periodo de enfriamiento invernal (pero no a una hibernación auténtica) durante unos 60-90 días.

Nuestro ejemplar más grande, una hembra que medía algo más de un metro, estaba preñada cuando la conseguimos. Llegó a poner cinco huevos que fueron incubados a temperatura ambiente (26-29 °C). El periodo de incubación (aunque no lo registramos específicamente) duró cerca de 60 días. Las crías tenían un color de fondo más pálido que el de la hembra.

Dieta: *E. flavirufa* parece preferir comidas pequeñas tanto en cantidad como en tamaño. Al menos en cautividad, no son excesivamente activas. Si se las despoja de todos los endoparásitos y no sufren excesivo estrés, uno o dos ratones «saltadores» (ratones jóvenes, con pelo y activos) una vez a la semana serán suficientes para mantener sano a un ejemplar de tamaño medio.

Comportamiento: Un solo ejemplar que el autor encontró en el campo estaba atravesando una carretera del sur de Tamaulipas durante una noche fresca y lluviosa del mes de julio. Cuando la cogió, no intentó morderle. Sin embargo, otros ejemplares vistos con tratantes han aplanado su cabeza y embestido repetidamente al acercar una mano, lo cual es, en efecto, una actitud muy característica de las serpientes ratoneras.

LISTA DE ESPECIES: SERPIENTES RATONERAS DEL VIEJO MUNDO

Serpientes ratoneras europeas y euroasiáticas

Aunque en Europa son comunes en cautividad, las serpientes ratoneras europeas no se ven con frecuencia en América. Las que importan los tratantes suelen ser crías recién nacidas y cuestan bastante dinero. Además, muchas de ellas tienen fama de delicadas entre los aficionados americanos, lo cual tal vez haya que atribuirlo a la tendencia americana de mantener a los reptiles en las condiciones más sencillas posibles. Por el contrario, a los europeos les gusta construir ambientes muy elaborados en sus terrarios, como ya vimos.

Por supuesto, otro factor a tener en cuenta es el transporte. El transporte causa, como mínimo, un gran estrés a las serpientes. La mayoría de los aficionados europeos adquieren sus serpientes ratoneras europeas directamente, llevándolas desde su lugar de origen al terrario. En América hay que trasladar a los ejemplares a su destino, lo que supone entre dos y cuatro días durante los cuales se producen numerosas variaciones de temperaturas, inspecciones, cambios de presión y trasteos desagradables. Si a continuación la serpiente ratonera va a parar a una caja de plástico sin ninguna decoración, no es de extrañar que estos reptiles tengan fama de delicados.

En lo que se refiere a los gastos, los aficionados europeos valoran mucho a sus serpientes ratoneras, pero pocas de ellas se reproducen con tanta facilidad como las serpientes del maizal americanas y las ratoneras amarillas. La mayoría de los países europeos (si no todos) prohíben actualmente la captura de reptiles y anfibios en su hábitat natural. Como prácticamente todos los ejemplares que se pueden conseguir son nacidos y criados en cautividad, algunos aficionados europeos, apasionados y con experiencia, se encargan de proporcionar un mercado a disposición del público. Pero aquellos que deseen trabajan con especies europeas tienen que estar dispuestos a pagar por ellas.

De las cuatro especies de *Elaphe* que hay en Europa, sólo la llamada culebra de escalera, *Elaphe scalaris*, es exclusiva de este continente. Las otras tres se encuentran también en el oeste de Asia; por tanto, son en realidad de distribución euroasiática. Sólo una especie, la culebra leopardo, *E. situla*, tiene colores vivos cuando es adulta.

Un último apunte antes de continuar: según parece, todas las serpientes ratoneras europeas necesitan largos periodos de hibernación completa (80 días aproximadamente, a una temperatura comprendida entre los 9 y los 12 °C) para iniciar el ciclo de la reproducción. Por desgracia, muchas serpientes ratoneras europeas parecen especialmente propensas a padecer problemas respiratorios durante la hibernación. Es preciso tener cuidado e inspeccionar a los animales con frecuencia, pero no se puede pretender que se reproduzcan sin pasar por este periodo de letargo total.

A una temperatura de 26-28 °C, el periodo de incubación de los huevos de todas las serpientes ratoneras europeas dura entre 58 y 75 días. Aunque de estas temperaturas algunos aficionados prefieren la más baja, nosotros hemos obtenido los mejores resultados con temperaturas comprendidas entre los 27 y los 28 °C.

Culebra de escalera (Elaphe scalaris)

Un nombre más apropiado para los adultos de esta serpiente de tamaño medio sería el de «serpiente ratonera de dos rayas». Las franjas transversales oscuras que forman el intrincado dibujo de los jóvenes pierden intensidad a medida que avanza su edad, dejando sólo un par de rayas dorsolaterales. Una mancha oscura postorbital se extiende hacia abajo hasta la parte trasera de la mandíbula, o debajo de esta, en los ejemplares jóvenes, mientras que los adultos sólo conservan restos de esta mancha. En algunos adultos de avanzada edad, a veces las pintas han desaparecido por completo.

Scalaris tiene también un carácter bastante variable. Los ejemplares adultos capturados en su hábitat suelen ser salvajes, pero muchos animales criados en cautividad son bastante tratables.

Color: El color de fondo de los adultos puede variar entre marrón, verde oliva con tendencia a marrón, y oliva amarillento en el dorso y los laterales. Su vientre es de color algo más vivo, a menudo amarillento o color hueso, pero algunas veces puede estar bañado de una pigmentación oscura. El color de fondo de los ejemplares jóvenes es más vivo. La escalera de los jóvenes y las rayas de los adultos son de un marrón más oscuro que el color de fondo. Es una serpiente interesante, pero de colores apagados.

Tamaño: Aunque algunas culebras de escalera adultas llegan a alcanzar más de 1,50 m de longitud, la mayoría de ellas miden entre 1,20 y 1,35 m.

Área de distribución: El territorio de *E. scalaris* se limita a la península Ibé-

Debido a sus manchas dorsales en forma de H, *E. scalaris* suele denominarse «culebra de escalera»

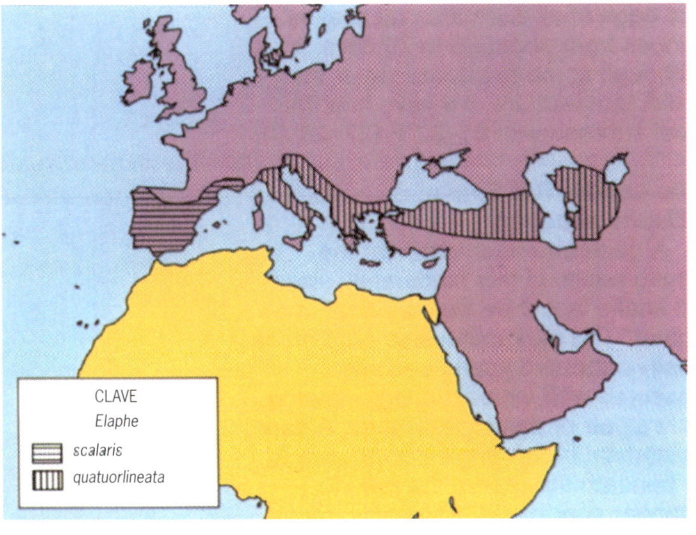

rica, las zonas costeras adyacentes de Francia, y algunas islas remotas. Prefiere hábitats secos y despejados, y se suele encontrar en campos agrícolas, bosques rocosos y despejados, setos y cerca de muros de piedra, lugares todos ellos donde las serpientes pueden calentarse.

Hábitos: Los ejemplares salvajes muerden fácilmente. Se cree que son básicamente diurnos en libertad. Los pocos ejemplares que nosotros hemos tenido parecían más activos a finales de la tarde y al anochecer, momento en el que se mostraban más dispuestos a aceptar comida.

Dieta: Aunque los adultos prefieren, sin lugar a dudas, presas endotérmicas de tamaño mediano (ratones, ratas pequeñas, aves, etc.), la dieta de las serpientes jóvenes puede incluir también lagartos, ranas, insectos y las crías endotérmicas que encuentran.

Reproducción en cautividad: Esta especie se ha criado en Europa y América. Normalmente, las nidadas comprenden ente cuatro y nueve huevos bastante grandes (véase el apartado que introduce este capítulo para conocer detalles sobre la hibernación y cría).

Culebra de cuatro líneas (Elaphe quatuorlineata ssp.)

Dibujo y subespecies: Las crías de todas las subespecies de esta serpiente ratonera europea, que es la que mayor tamaño alcanza, presentan manchas muy destacadas en mitad del dorso y a los lados, dibujo que conservan las adultas de una de las subespsecies, *E. q. sauromates.* Otras subespecies *(E. q. praematura* y *E. q. muenteri)* suelen conservar el dibujo de su infancia, pero además desarrollan bandas. De las cuatro subespecies, la nominal, *E. q. quatuorlineata,* es la que más pierde todo vestigio de dibujo infantil y desarrolla rayas bien definidas, que son las que justifican su nombre común. Todas las subespecies presentan una corta franja que se extiende desde la parte posterior del ojo hasta el ángulo de la mandíbula.

Tanto en lo que se refiere a la ontogenia como a la variabilidad de las subespecies, esta serpiente ratonera euroasiática es bastante similar al grupo americano de *E. obsoleta.*

Aunque no suele mostrarse tan predispuesta a morder como otras especies europeas de serpientes ratoneras, tampoco nos parece apropiado llamarla «la gigante amable», como hacen algunos cuidadores.

Área de distribución: *E. q. sauromates,* de manchas muy marcadas, ocupa un territorio muy extenso. Puede encontrarse desde el noreste de Grecia y el sudeste de Bulgaria, pasando por toda la región del Danubio hasta el Cáucaso, Asia Menor e Irán. La *sauromates,* subespecie de menor tamaño que las demás, rara vez sobrepasa 1,37 m de longitud total. Tanto la subespecie con rayas como la que tiene manchas, a saber *E. q. praematura* y *E. q. muenteri* respectivamente, se dan en la zona del mar Egeo. *E. q. praematura* vive en la isla de Jos (islas Cícladas) y *E. q. muenteri,* en las islas del Egeo. Ambas tienen un tamaño bastante pequeño cuando son adultas (1-1,40 m).

La gran *E. q. quatuorlineata* es la que vive más al oeste de las cuatro subespecies. Se encuentra en el sur de Italia, en Grecia y al sur de los Balcanes. Aunque pueden llegar a medir 2,40 m, su longitud normal es de 1-1,80 m.

Colorido: *E. q. quatuorlineata* experimenta grandes cambios de dibujo y de color a medida que pasa de la infancia a la madurez. Las crías recién nacidas y jóvenes presentan manchas oscuras laterales y dorsales muy marcadas, sobre un fondo de color gris pálido o tostado. La parte superior de la cabeza tiene manchas y presenta una gran marca en la nuca que se divide posteriormente (o al menos tiene el fondo claro). A medida que la serpiente crece, las manchas, incluidas las de la superficie de la cabeza y la nuca, se difuminan y las cuatro rayas oscuras que dan nombre a la especie se van marcando cada vez más. La franja oscura postorbital suele mantenerse. El color de fondo se oscurece hasta convertirse en tostado oscuro, oliva-marrón o marrón claro. En la zona vertebral el fondo es aún más oscuro, y más claro en los laterales. La parte superior de la cabeza es marrón y los labios son claros.

Reproducción: El tamaño de la nidada de esta especie es variable. Una nidada de una hembra pequeña de *E. q. sauromates* que quedó preñada durante su tercer verano puso sólo tres huevos. En cambio, una nidada de una hembra más madura de *E. q. quatuorlineata* puso 18 huevos (véase la introducción a este capítulo para más información sobre hibernación y cría).

Dieta: *E. quatuorlineata* es una de las serpientes ratoneras más resistentes y voraces de Europa. Aunque sus crías recién nacidas pueden mostrar

Las manchas de esta cría de culebra de cuatro líneas europea *(E. q. quatuorlineata)*, que ahora están tan marcadas, se suavizarán con la edad

preferencia por los lagartos, la mayoría de ellas aceptan gustosas ratones rosados. Las serpientes ratoneras de mayor tamaño aceptan ratones más grandes o ratas pequeñas.

(La serpiente que antes se conocía como *E. q. rechingeri* se menciona con algo más de detalle en el siguiente párrafo, correspondiente a *E. longissima*).

Culebra de Esculapio (Elaphe longissima)

Esta ratonera, que a menudo muestra una disposición amable, era considerada como un animal sagrado por los antiguos griegos, y desde entonces se la ha relacionado con Esculapio, el dios griego de la medicina. El caduceo médico lleva representada a esta especie.

Color: De las tres serpientes ratoneras europeas que tienen poco colorido, esta especie es la de tonos más apagados. Las adultas son de color tostado-oliva o verde oliva y pueden tener ligeros restos de las rayas dorsolaterales y/o de motas claras. En las jóvenes se aprecia una franja postocular muy marcada y, aunque suavizada, a veces se conserva en la madurez. A excepción de sus suaves escamas, las crías recién nacidas y jóvenes de la culebra de Esculapio se parecen mucho a las de *Natrix natrix*, la culebra de collar, incluidos los cuadros alternos laterales y dorsales y las manchas temporales de color hueso. Existen tres subespecies poco definidas.

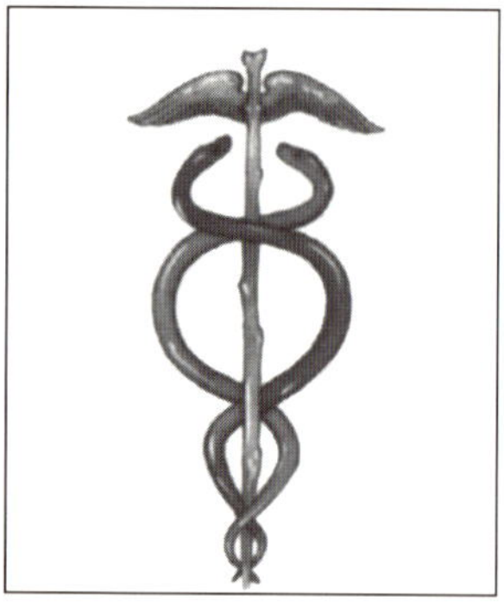

La serpiente representada en el caduceo médico es una culebra de Esculapio

Área de distribución: Sólo *E. longissima* ha estado al alcance de los aficionados americanos. La forma nominal se extiende desde el este de la península Ibérica, más al este aún por el sur de Europa, hasta el extremo noroeste de Irán.

La serpiente ratonera de la isla de Amorgos ha sido considerada de diversas maneras, desde una subespecie de la culebra de Esculapio, *E. longissima*, hasta una variante de *E. quatuorlineata*, o una especie aparte *(E. rechingeri)*. El nombre utilizado en cada caso depende de la interpretación del investigador. De color variable, las adultas tienen a veces rayas poco definidas o bien pueden ser prácticamente lisas, y los ejemplares más jóvenes son bastante más pálidos que los de otras subespecies. *E. l. persica*, una subes-

Aunque sus colores no son vivos, la culebra de Esculapio es una ratonera de buen carácter y bastante resistente

pecie de vientre oscuro, habita en el norte de Irán, y *E. l. romana*, una variedad con rayas variables, vive en el sur de Italia y Sicilia.

Hábitat: Al igual que otras ratoneras europeas, *E. longissima* es una serpiente básicamente terrestre, a la cual se asocia con hábitats secos, arenosos y soleados, que le proporcionan refugios en forma de vides o plantas similares. Los viejos muros de roca, setos, ruinas y bosques despejados son también hábitats muy frecuentes.

Dieta: Nuestros ejemplares preferían comer varios ratones pequeños antes que uno o dos grandes. Las crías recién nacidas y jóvenes aceptan lagartos sin problemas. Sin embargo, la mayoría pronto pasa a comer ratones rosados.

Hibernación: *E. longissima* necesita un largo periodo de hibernación (80 días o más, a 9-12 °C). Conviene estar atento ante cualquier señal de problema respiratorio durante esta etapa.

Incubación: Cuando los huevos se incuban a 26-28 °C, tardan entre 58 y 75 días en eclosionar. Nosotros hemos tenido más éxito con las temperaturas altas, comprendidas entre 27 y 28 °C.

Culebra leopardo (Elaphe situla)

Esta es la joya de la corona de las serpientes ratoneras europeas. De hecho, la culebra leopardo –parecida a la serpiente del maizal– es uno de los miembros más bellos de todo el género, incluida la serpiente del maizal. Las crías que no están acostumbradas a que las manipulen suelen morder con frecuencia, pero si se las trata con amabilidad, las culebras leopardo pronto se apaciguan.

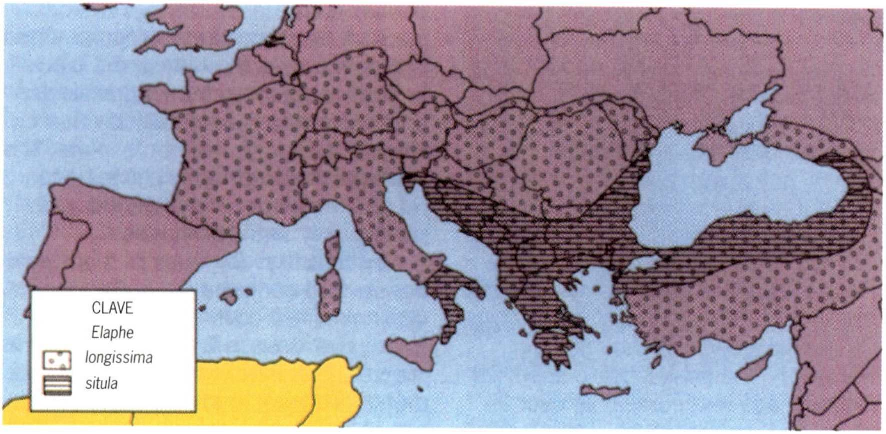

Tamaño: La culebra leopardo es la más pequeña de las serpientes ratoneras europeas. El tamaño medio de las adultas es de 65-75 cm. Excepcionalmente, pueden llegar a alcanzar un metro de longitud.

Hábitat: Al igual que otras ratoneras europeas, *E. situla* se relaciona con hábitats cálidos, secos, a menudo arenosos, rocosos o de bosques poco densos. Dentro de estos hábitats, la culebra leopardo encuentra frescor y soledad en cercas, ruinas y viejos muros de piedra.

Dieta: Como muchas de las pequeñas y delgadas ratoneras del mundo, *E. situla* prefiere presas pequeñas a base de roedores recién nacidos y aves que viven en el suelo. Las crías pequeñas y las jóvenes suelen aceptar gustosas lagartos y ranas arborícolas. Los diversos ejemplares que nosotros hemos tenido portaban numerosos endoparásitos cuando los recibimos, y al principio se negaban a comer. Fueron albergados individualmente en terrarios de 75 l, con sustrato de hojas caídas sobre una capa de tierra arenosa de unos 3 cm. Las que se resistían a comer ratones domésticos aceptaban de buen grado pequeños ratones de pies blancos.

Temperatura: Las culebras leopardo no toleran bien el calor excesivo. Nosotros tenemos a las nuestras a distintas temperaturas, generalmente entre 28 y 29 °C durante el día en la parte caliente del terrario, y varios grados menos en el resto del mismo. Las temperaturas nocturnas pueden ser varios grados inferiores a las diurnas.

Hibernación: Nos habían dicho que resultaba difícil preparar un hibernáculo apropiado para estas serpientes,

Culebra leopardo *(E. situla)*

pero a nosotros no nos lo pareció así. En nuestro caso, simplemente las sometimos a hibernación en condiciones de menor humedad que las otras especies, y las despertamos para beber a intervalos no mayores de quince días. En estas condiciones las serpientes toleraron bien la hibernación.

Reproducción: Lo más pronto que hemos podido inducir a las culebras leopardo a reproducirse fue tras su segunda hibernación. las serpientes tenían unos 20 meses de edad y medían algo más de 60 cm de largo. Los huevos que pusieron aquella primera temporada no fueron viables pero, a partir de las siguientes hibernaciones, las nidadas han venido produciendo entre dos y cinco huevos «fértiles».

Las crías miden 30 cm al nacer y empiezan a alimentarse tras su muda posnatal. Algunas comen ratones domésticos recién nacidos, pero la mayoría de ellas prefieren ratones rosados de especies silvestres y de campo.

Colorido: La pretendida semejanza entre la culebra leopardo y la serpiente del maizal se basa en el color de sus manchas. La disposición de estas es en realidad bastante diferente. Las manchas en forma de silla de montar de la culebra leopardo son, de hecho, dos filas de motas dorsolaterales de color fresa y borde oscuro, las cuales, en algunas ocasiones, aparecen conectadas vertebralmente por extensiones dorsales. En el dorso, puede suceder que todas las manchas, algunas o ninguna estén conectadas. En este último caso, las marcas dorsolaterales pueden tener forma de discretas motas o bien conectarse lateralmente formando rayas rojas bordeadas de negro, continuas o discontinuas. De este modo, cualquier serie de culebras leopardo «normales» puede contener serpientes de aspecto muy distinto. El color de fondo de la culebra leopardo puede ser gris, gris oliva, tostado o verde oliva pálido. El dibujo de la cabeza es bastante complicado. Una franja curvada posteriormente cruza la parte superior de la cabeza, justo antes de los ojos. Los internasales, por lo general, tienen algo de color negro en los extremos anteriores. Una banda temporal negra en diagonal aparece a ambos lados, y una marca negra, o roja bordeada de negro, se

La culebra leopardo es una de las especies más bellas de todo el género

extiende desde la mancha de la nuca, parcialmente dividida, hasta la placa frontal. El vientre es predominantemente negro. En proporción, las culebras leopardo son bastante más delgadas que las serpientes del maizal.

Disponibilidad: Debido a su gran belleza y a su relativa escasez, las culebras leopardo son muy codiciadas por los aficionados. Caras incluso en Europa, las pocas que llegan a los Estados Unidos pueden tener unos precios prohibitivos. A pesar de ello, son de enorme interés, y los cuidados algo especiales que requieren valen la pena.

Algunas favoritas de Asia

Debido al carácter beligerante inicial (y algunas veces persistente) y a la delicadeza de la mayoría de estas serpientes, las ratoneras asiáticas hace tiempo fueron dejadas de lado y menospreciadas por los criadores. Ahora que los representantes asiáticos de ese género rara vez son importados, tanto los aficionados europeos como los americanos están iniciando programas de cría. Se han obtenido buenos resultados con algunas especies (*E. taeniura*, etc), pero malos con otras *(E. mollendorffi)*.

La causa de que aquellas primeras Elaphe asiáticas fuesen tan delicadas fue, en gran parte, la enorme cantidad de parásitos internos que portaban. Por suerte, los tratamientos contra los parásitos han mejorado notablemente durante la última década. Además, nuestro conocimiento de la historia natural de muchas especies ha aumentado, lo que ha permitido mejorar sus cuidados. Tal vez haya disminuido nuestro anterior rechazo a ser mordidos, o ya no le concedemos tanta importancia cuando elegimos a un espécimen.

No cabe la menor duda de que el carácter de muchas serpientes ratoneras asiáticas es muy belicoso. Muchos tipos nuevos de serpientes que se capturan están dispuestas a morder toda su vida. Otras, como la popular serpiente ratonera rusa *E. schrencki*, son mucho más pacíficas. Estas últimas son tan fáciles de tratar y manejar como la ratonera amarilla norteamericana y las serpientes del maizal.

Aunque la mayoría de las serpientes ratoneras asiáticas son perfectamente capaces de constreñir, muchas de ellas inmovilizan a sus presas agarrándolas con la boca, y arrojando luego un solo anillo de su cuerpo sobre ellas. *E. radiata*, *E. taeniura ridleyi* y muchas de sus parientes ratoneras asiáticas (géneros *Gonyosoma* y *Spalerosophis*) practican este método de inmovilización de las presas.

Serpiente ratonera rusa (Elaphe schrencki)

Aspecto: A primera vista, la subespecie nominal de *E. schrencki* recuerda a la serpiente rey del este. Los ejemplares adultos de *E. s. schrencki* son serpientes negras con numerosas franjas transversales de colores apagados. Los labiales son claros, a menudo de un amarillo bastante vivo con vetas negras. Estos tonos vivos se extienden hasta la barbilla, y pueden estar también presentes en la zona subcaudal. La cola suele tener dibujos en su parte inferior, pero a veces es del todo (o casi del todo) lisa. El vientre es también muy variable, siendo de color claro y con dibujos densos, diseminados o prácticamente ausentes. Las crías recién nacidas y las jóvenes presentan marcas muy destacadas con manchas dorsales en forma de silla de montar, de tono marrón rodeadas de un borde oscuro, y franjas transversales de color tostado o gris. Una franja oscura parte justo detrás de la nariz, atraviesa los ojos y desciende hasta la mandíbula.

Cuidados en cautividad: Estas amables y poderosas constrictoras son resistentes y fáciles de mantener. Se alimentan de roedores del tamaño adecuado: la mayoría de las adultas aceptan presas hasta del tamaño de ratas medianas. Las dos subespecies de esta serpiente con frecuencia sobrepasan 1,20 m de longitud y pueden llegar a alcanzar 1,50 m. Uno de nuestros machos de mayor tamaño de *E. s. schrencki* medía 185 cm.

Debido a que proceden de zonas de clima duro y frío, las serpientes ratoneras rusas que viven en cautividad no necesitan mucha calefacción. Basta con una temperatura de 22-24 °C en el terrario. Nosotros les proporcionamos una zona cálida iluminada de 28-29 °C.

Hibernación: Como cabría esperar de una serpiente de clima norteño, la hibernación es una parte indispensable de su ciclo reproductivo. Aunque algunos criadores proponen una hibernación de hasta cinco meses, nuestras ratoneras rusas criaban bien (y con regularidad) tras un periodo de 90 días. Las enfriábamos a una temperatura comprendida entre los 8 y los 11 °C, y las despertábamos para beber a intervalos de dos o tres semanas. Las nidadas comprendían entre 7 y 16 huevos, algunas veces hasta 30.

Dos subespecies: La forma nominal de *E. schrencki* es la más septentrional de las dos subespecies. *E. s. schrencki* habita en Siberia, Manchuria y el noreste de Corea. Desde el oeste de Corea hasta el noreste de China la sustituye una serpiente más clara: *E. s. anomala*. Esta última, a menudo denominada serpiente ratonera coreana, tiene el fondo de color tostado, tostado-oliva o gris-oliva, más vivo en la parte posterior. Las manchas son sólo ligeramente más oscuras y están bordeadas de color ante. Suelen estar más definidas (y son más oscuras) en los dos tercios inferiores del cuerpo. Los labios, la barbilla, la zona ventral y

A medida que pasa el tiempo, las manchas de esta ratonera rusa se volverán negras. Los ejemplares adultos se parecen a las serpientes rey orientales en su colorido

subcaudal suelen ser de un color amarillo vivo sin dibujo. Las crías recién nacidas y jóvenes tienen colores más apagados que las de *E. s. schrencki*.

Serpiente ratonera de cabeza roja (Elaphe moellendorffi)

A diferencia de la resistencia de las especies anteriores, la igualmente grande *E. moellendorffi* (1,80 m) es una serpiente delicada. Igual que sucede con muchas ratoneras capturadas en su medio natural, los numerosos parásitos que llevan la mayoría de ellas constituyen un problema importante. En otros casos, la mortalidad se ha atribuido a la formación irreversible de un material viscoso que desarrollan en el pulmón (pneumonía). Sin embargo, sí se ha dado algún caso, aunque excepcional y siempre practicando una purga adecuada, en el que esta bonita serpiente ratonera de aspecto algo diferente a las demás se ha desarrollado bien en cautividad. El tempermento de las ratoneras de cabeza roja no siempre es igual: algunas continúan siendo salvajes toda su vida mientras que otras permiten una manipulación cuidadosa.

Cuidados en cautividad: *E. moellendorffi* es una constrictora poderosa y flexible, que prefiere presas pequeñas. Pocos ejemplares aceptan ratones domésticos. Entre las pocas que acceden a comer, la mayoría prefieren crías de ratas, pollos o mejor aún, diversos ratones silvestres y de campo.

Temperatura: Las ratoneras de cabeza roja gustan de climas y hábitats frescos, preferencia que debe tenerse en cuenta cuando viven en cautividad. Estas serpientes habitan en los bosques del sur de China y del norte de Vietnam. Las cautivas parecen desarrollarse mejor cuando las temperaturas de los terrarios se mantienen a unos 25 °C. Igual que hacemos con el resto de las serpientes ratoneras, nosotros proporcionamos a *E. moellendorffi* una zona cálida e iluminada que se mantiene varios grados por encima del resto del ambiente.

Colorido: Aunque algunos ejemplares tienen los tonos más apagados que otros, en general *E. moellendorffi* es una serpiente atractiva. El colorido de su cabeza puede variar entre cobre pálido y un rojo anaranjado bastante vivo. La cabeza es ancha en la zona temporal, con el hocico más bien recto y alargado. En conjunto, su aspecto recuerda mucho al de la serpiente del nuevo mundo *Senticolis triaspis* (véase página 114). La cola es roja con anillos marrones bordeados de oscuro. El color de fondo del cuerpo es un vistoso gris oliva, gris o gris plata (la piel intersticial es más clara que las escamas). Las manchas

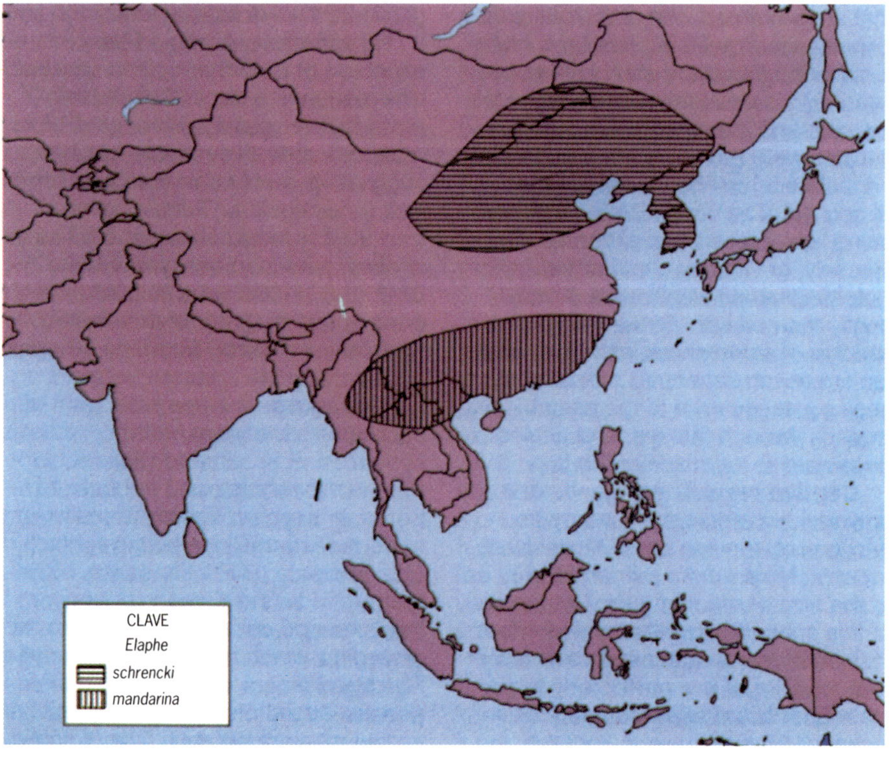

Los criadores no hemos logrado buenos resultados con la hermosa serpiente ratonera de cabeza roja. Nuestros repetidos fracasos nos obligan a desaconsejar que se capture a esta especie en su hábitat natural con vistas al comercio de mascotas

dorsales en forma de silla de montar, de color marrón o marrón rojizo, y las manchas laterales suelen estar también bordeadas de oscuro. Las dorsales tienen a veces el centro más claro, aunque esto no es lo habitual. La piel intersticial, de color claro, se aprecia tanto en la zona del fondo como de las manchas si la serpiente está hinchada por la comida o fuertemente enroscada. Se conocen variedades de colores extraños, como por ejemplo hipomelanísticas, pero hasta el momento nosotros no las hemos visto en el mercado americano de mascotas.

Disponibilidad: Antes se la consideraba una rareza tanto en el mercado americano como en el europeo, pero hoy en día *E. moellendorffi* está entrando en Estados Unidos en cantidades relativamente abundantes, aunque variables. Su precio ha descendido considerablemente desde la década de los setenta. Debido a su elevada y rápida tasa de mortalidad (cercana al 99 por ciento), la mayoría de los tratantes que actualmente ofrecen ratoneras de cabeza roja hacen que un veterinario examine y purgue a todos los ejemplares para libarlos de los endoparásitos; sin embargo, ni siquiera esto es garantía de éxito con este tipo de ratoneras. En lo que a esta especie se refiere, tal vez más en su caso que en el de cualquier otra serpiente ratonera, el reconocimiento y la intervención de un veterinario es una necesidad más que una opción.

Chris Newman, un criador inglés, actualmente está ahondando en la historia natural de la serpiente ratonera de cabeza roja en China. Gracias a la información que le están proporcionando nuevos eruditos en el tema, Newman espera poder desarrollar un programa de cría verdaderamente eficaz para esta especie.

Reproducción: A pesar de que se puede encontrar una *E. moellendorffi* con relativa facilidad en el mercado, raramente se reproduce en cautividad. De los contados ejemplares que nacen en cautividad, la mayoría proceden de huevos puestos por hembras que ya estaban preñadas cuando se importaron. Sin embargo, por extraño que parezca, y con independencia de la época del año en que se importen las serpientes, apenas se ven hembras gestantes. Esto contrasta con casi todo el resto de serpientes ratoneras. Los huevos de esta especie son bastante grandes, pero el tamaño de la nidada es pequeño (de 4 a 11 huevos). Un zoo ha constatado una longevidad de más de 21 años en cautividad.

Serpiente ratonera mandarina (Elaphe mandarina)

Esta gentil serpiente es otra de las ratoneras asiáticas cuyo aspecto es bastante atípico. La cabeza de *E. mandarina* es estrecha y no muy diferenciada del cuello, mientras que el hocico es corto y redondeado.

Colorido: *E. mandarina* es una de las serpientes ratoneras asiáticas menos variables. Las manchas dorsales tienen forma de rombo, con el centro amarillo vivo. El color negro de las manchas puede extenderse hacia abajo hasta las placas ventrales y, además, pueden aparecer también numerosas marcas laterales negras e irregulares. La cabeza presenta marcas rostrales negras, una franja supraorbital negra conecta los ojos, y aparecen también un par de triángulos suboculares negros. Un galón negro está presente en la parte posterior de la cabeza, bordeado posteriormente por un galón amarillo. El vientre amarillo puede aparecer cubierto de manchas o atravesado por franjas negras. El fondo puede ser de color beige-oliva, gris pálido o gris verdoso. Algunos ejemplares (aparentemente pocos) presentan la manchas dorsales fragmentadas; sin embargo, en estos casos, es el dibujo y no el colorido lo que cambia.

Tamaño: Aunque se conoce la existencia de mandarinas de más de 1,50 m de longitud total, la mayoría de ellas miden entre 75 y 100 cm.

Hábitats: *E. mandarina* es una especie montañera que vive en el norte de Birmania, norte de Vietnam y sur y este de China. Los primeros ejemplares de los que se tienen noticias se encontraron a altitudes superiores a los 600 m, en laderas y mesetas boscosas. Además, *E. mandarina* es una serpiente más bien crepuscular y nocturna. Las temperatu-

Muchos ejemplares de la serpiente ratonera mandarina tienen un dibujo más destacado que este bonito ejemplar. Esta especie es también bastante difícil de mantener en cautividad. Fotografiada en Glades Herp

ras de sus hábitats, especialmente las nocturnas, son relativamente frescas, y la humedad bastante elevada.

Cuidados en cautividad: Los ejemplares que viven en cautividad prefieren temperaturas comprendidas entre los 20 y 25 °C. Nuestras cautivas han mostrado siempre un rechazo a calentarse en zonas calientes muy iluminadas, pero se termorregulaban sobre un cable calefactor. El punto más caliente del terrario se aproximaba a los 29 °C.

Primeros ejemplares importados a los Estados Unidos: Durante la década de los setenta, las ratoneras mandarina se importaban en muy raras ocasiones. Muchos de aquellos primeros ejemplares estaban ya debilitados cuando llegaban y se negaban a comer. Los pocos que comían, regurgitaban el alimento y pronto sucumbían. Las necropsias revelaban una abundante presencia de parásitos. Sin embargo, en los años ochenta se pusieron a la venta más ejemplares, muchos de ellos en condiciones relativamente buenas. Las serpientes importadas se sometieron a una limpieza de lombrices y comenzaron a comer alimentos muy frugales. Algunas preferían ratas recién nacidas a ratones, mientras que otras aceptaban de buena gana codornices recién nacidas. Muchas de ellas comían ratones silvestres pero rechazaban otros alimentos. Las cantidades pequeñas de alimento tienen más probabilidades de no ser regurgitadas.

Comportamiento: Incluso las serpientes ratoneras mandarinas mejor adaptadas son esquivas. Las que nosotros hemos tenido escarbaban ávidamente en el sustrato, formado por corteza de ciprés o musgo *sphagnum* seco sin desmenuzar. Las cautivas padecen estrés con facilidad, y las que acaban de comer regurgitan con frecuencia si son manipuladas. Las ratoneras mandarina no inician fácilmente el ciclo de la reproducción, ni se alimentan siempre que a nosotros nos parece que deberían hacerlo. En nuestra opinión, se trata de una especie sólo apta para aficionados expertos. Los ejemplares importados suelen tener numerosos parásitos. Es imprescindible que estos se eliminen lo antes posible.

Reproducción: En los pocos casos en que se ha conseguido la reproducción en cautivad, se sometió a las serpientes a un periodo normal de hibernación (aproximadamente 90 días). Las crías miden entre 28 y 33 cm al nacer.

Serpientes ratoneras de cola rayada (Elaphe taeniura)

Varias subespecies de esta atractiva serpiente se denominaron hace tiempo «bellas serpientes», designación que iba acompañada del supuesto lugar de procedencia del animal en cuestión, a saber, Taiwán, China o Yunnan. Pero en realidad su nombre común a menudo era causa de confusión, lo cual sigue sucediendo en la actualidad. Cuando el verdadero origen de estas serpientes (o de otras muchas) no está claro (como sucede cuando se transportan varias veces de un lugar a otro), resulta casi imposible una identificación auténtica.

Subespecies identificadas: Durante muchos años, la única subespecie de *E. taeniura* que se vio en el mercado americano se llamaba *E. t. friesei*. Debido a su distribución geográfica, esta bonita pero beligerante serpiente fue llamada comúnmente «Bella serpiente de Taiwán». Esta subespecie parece diferenciarse sólo en la cantidad media de escamas ventrales (véase el cuadro de la página 142) con respecto a la forma nominal, *E. taeniura*, la cual habita en el interior de China, Birmania y Tailandia.

Aspecto: Las numerosas subespecies de *E. taeniura* varían tremendamente en cuanto a su aspecto externo. Alguna de ellas *(taeniura y friesei)* tienen, proporcionalmente, un cuerpo pesado, con abundantes manchas en la zona anterior, rayas en la posterior, y un color de fondo beige-oliva o verde oliva amarillento. El tono rojizo de *E. t. schmackeri* tiende a ser algo más atenuado, con algunas manchas débiles en la zona anterior, más marcadas en la posterior. La banda clara que aparece en la mitad posterior del dorso, si aparece, suele estar interrumpida, o al menos medio cubierta, por las manchas posteriores. Algunas subespecies (*grabowskyi* y *ridleyi*) son delgadas, de colores claros, sin manchas en la zona anterior y con bandas muy definidas en las

En la cría en cautividad se producen con frecuencia híbridos y cruces. Bruce Morgan consiguió estas serpientes ratoneras de cola rayada Yunnan x Taiwán

La serpiente ratonera de cola rayada de Taiwán se cría ahora con frecuencia en cautividad

tres quintas partes posteriores de su longitud total. Estas dos últimas serpientes se encuentran con frecuencia en grutas o cerca de ellas, y se alimentan de murciélagos. *E. t. vaillanti* tiene un aspecto intermedio entre las formas con numerosas manchas y las subespecies parecidas a las corredoras, de tonos más suaves. A menudo los tratantes la llaman «serpiente ratonera de cola rayada de Yunnan», y la denominan científicamente (y erróneamente) *E. t. yunnanensis*. Esta serpiente suele tener manchas en la parte anterior del cuerpo menos definidas que otras formas con manchas.

Reproducción: Sólo la serpiente ratonera de cola rayada de Taiwán y la de Yunnan se han reproducido en cautividad. Se utilizan dos métodos para iniciar el ciclo reproductivo, ambos con resultados similares: uno con hibernación y otro con enfriamiento. El primero de ellos consiste en un periodo de 90 días de hibernación prácticamente completa. Las serpientes son despertadas cada dos semanas aproximadamente para que puedan beber. A excepción de su bebida quincenal, los ejemplares se mantienen en completa oscuridad mientras hibernan.

Evidentemente no todas las serpientes ratoneras de cola rayada necesitan un periodo de hibernación total para iniciar el ciclo de la reproducción. Un criador que ha logrado muy buenos resultados en el sur de Florida simplemente «enfría» a sus ejemplares durante los meses de invierno abriendo las ventanas en el recinto de cría. Les proporciona un fotoperiodo natural. El descenso de las temperaturas nocturnas y la reducción de las horas de luz parecen estimular a sus serpientes reproductoras y, por otro lado, estas se

Subespecies de *E. taeniura*	**Número de e. ventrales**	**Distribución geográfica**
friesei	240-260	Taiwán
grabowski	275-290	Borneo a Malasia
ridleyi	más de 280	Tailandia a Sumatra
schmackeri	250-260	Islas Ryukyu
taeniura	230-250	Tailandia, Birmania y sudeste de China
vaillanti (=*yunnanensis*)	220-260	Norte de Vietnam y la China adyacente, incluida la provincia de Yunnan

Nótese que el número de escamas ventrales de algunas subespecies de esta serpiente tan variable difiere mucho con respecto a las demás. Muchos de estos recuentos y observaciones fueron realizados hace ya décadas, a partir de un número muy limitado de ejemplares. Todos estos datos necesitan una actualización urgente. Algunas subespecies de esta serpiente tal vez vuelvan a evaluarse.

encuentran siempre lo bastante despiertas como para beber cuando tienen sed. (Las serpientes que se someten a una hibernación total no necesitan comer; las que se someten a enfriamiento necesitan alimentarse, aunque con menos frecuencia y comiendo presas de menor tamaño).

Durante muchos años nosotros tratamos de criar a *E. t. ridleyi*. Al año siguiente de habernos separado de estas serpientes, su nuevo propietario, utilizando métodos aparentemente idénticos a los nuestros, consiguió que se reprodujesen. Pero este logro no volvió a repetirse, lo cual prueba que, en lo que se refiere a la reproducción, sólo las serpientes tienen la última palabra.

Huevos: Dependiendo de su tamaño, edad y condición, las hembras ponen 14 huevos o menos. La incubación dura algo más de 60 días a temperaturas comprendidas entre los 28 y 30 °C. Las robustas crías, cuyo aspecto es parecido al de los adultos pero con menor tamaño e intensidad de color, suelen medir unos 40 cm de longitud en el momento de nacer.

Tamaño: Aunque suele alcanzar una longitud superior a 1,80 m, *E. t. ridleyi* es tan delgada que incluso los individuos más largos parecen de menor tamaño que el que tienen en realidad. El tamaño récord que se conoce de *E. t. friesei* es de 2,36 m, pero son raros los ejemplares de más de 1,70 m.

Área de distribución: El hábitat de las subespecies de *E. taeniura* varía considerablemente, con alturas que comprenden desde el nivel del mar hasta los 3.400 m. Esta serpiente vive en el norte de China, y por todo el sudeste de Asia hasta Sumatra.

Cuidados en cautividad: Las diversas subespecies de *E. taeniura* aceptan sin problemas ratones adultos y ratas semiadultas. Los ejemplares importados suelen portar numerosos parásitos. Los endoparásitos deben identificarse y erradicarse para que la hibernación y la cría tengan éxito. Los ejemplares de *E. taeniura* que nosotros hemos tenido parecían más contentos cuando la temperatura era fresca. La temperatura de los terrarios suele mantenerse entre 21 y 24 °C. Siempre proporcionamos una zona de calentamiento iluminada con una temperatura de unos 30 °C. Las serpientes sólo algunas veces aprovechan las temperaturas más calientes, sobre todo cuando la zona cercana a su terrario está muy transitada.

Nosotros consideramos que todas estas subespecies son bastante fáciles de cuidar, pero más bien difíciles de criar. Es preferible excederse en temperaturas frías que en calientes.

Serpiente ratonera radiada (Elaphe radiata)

Comportamiento: Difícilmente habrá una especie colubrina que esté más a la defensiva que los adultos capturados de esta serpiente ratonera asiática tan bonita e interesante. Cuando la ratonera radiada (llamada así por las tres rayas oscuras que salen de su ojo) se siente mínimamente amenazada, hace retroceder el cuello, infla la garganta y se defiende vigorosamente. Dado que los adultos pueden sobrepasar 1,80 m de longitud, el alcance de su ataque es considerable.

En la medida de lo posible, las ratoneras radiadas prefieren evitar la confrontación escapando. Se mueven con gran rapidez, recordando más a las serpientes corredoras que a las ratoneras típicas.

Reproducción: La reproducción de las ratoneras radiadas en América se ha logrado hace poco tiempo. Hasta entonces, todos los ejemplares se importaban tras capturarse en su entorno natural. Aunque las nidadas de *E. radiata* son pequeñas (por lo general entre 3 y 9 huevos, si bien en raras ocasiones pueden llegar a la docena), se sabe que las hembras pueden tener varias nidadas en una misma temporada. Las crías son pequeñas al nacer, midiendo muchas veces menos de 25 cm de longitud total.

Dieta: Algunos ejemplares capturados de *E. radiata* causan problemas para comer. El alojarlos en terrarios tranquilos y amplios puede ayudar a que superen su resistencia a alimentarse. Además, conviene variar el tipo de presas que se les ofrecen: una rata pequeña, un ratón grande, un polluelo de gallina o codorniz, etc. Las crías suelen aceptar ratones rosados.

Las serpientes ratoneras radiadas capturadas en su hábitat natural suelen ser nerviosas y agresivas. Este ejemplar ha frotado su nariz contra la bolsa de viaje. Fotografiada en Gulf Coast Reptiles

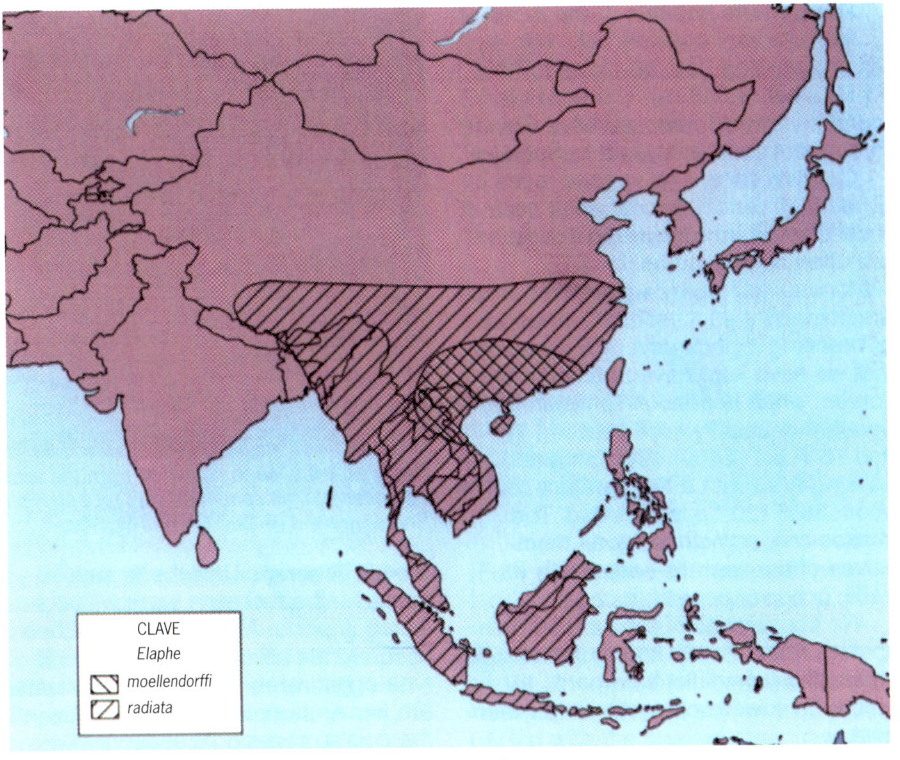

Colorido: A diferencia de muchos de sus congéneres asiáticos, la serpiente ratonera radiada presenta rayas en la parte anterior en lugar de hacerlo en la posterior. Las cuatro rayas –dos dorsolaterales muy definidas y dos laterales menos marcadas– son de una longitud variable y están más definidas en la parte anterior del tronco. Las rayas pueden palidecer a mitad del cuerpo o bien continuar casi hasta la cola. El color de fondo de *E. radiata* es también muy variable, desde beige hasta tostado, pasando por marrón claro, rojizo cobre, amarillo o verdoso. Las tres rayas oscuras que salen del ojo, y el collar oscuro (con el cual se conecta la parte superior de las rayas orbitales) son una peculiaridad de esta especie.

Se conoce la existencia tanto de ejemplares hipomelanísticos (que carecen de gran parte de la melanina) como de aneritrísticos (que carecen de toda la pigmentación roja) de ratonera radiada.

Elaphe carinata y la serpiente ratonera de Dione

Elaphe carinata

Los tratantes americanos llaman, entre otras cosas, «Diosa apestosa» y «Peste china», a esta variable pero a menudo bella serpiente. Estos nombres hacen referencia a las grandes glándulas almizcleras de *E. carinata* y a su extraordinaria habilidad para producir olor si lo desea. Pero después de tratar con un número considerable de estas serpientes, nosotros no hemos encontrado que sean más propensas a causar olor que muchas otras especies de serpientes ratoneras. Un tercer nombre que se utiliza para esta especie es el de «rey chino». No sabemos si este nombre se debe a su real tamaño (2,10 m) y a la actitud arrogante de esta especie, o bien al parecido que los dibujos y hábitos alimenticios de muchas de ellas guardan con respecto a los de las serpientes rey.

Comportamiento: Como muchos de sus congéneres asiáticos, *E. carinata* es muy beligerante. El hecho de que sea larga y bastante gruesa, y de que además pueda hinchar su cuerpo cuando se enfada, ciertamente acentúa su impresionante aspecto cuando forma una «S» para atacar. Aunque algunas cautivas se tranquilizan con el tiempo, otras siguen siendo irascibles toda su vida.

Área de distribución y disponibilidad: Esta serpiente se extiende desde el este de China hasta las islas Ryukyu. En Estados Unidos se puede encontrar esporádicamente a la venta, pero cuando esto sucede, es una especie bastante cara.

Colorido: Como muchas otras serpientes ratoneras, *Elaphe carinata* experimenta notables cambios ontogenéticos y es muy variable. Las crías recién nacidas y jóvenes presentan tonos bastante apagados, siendo su color de fondo marrón-oliva o verde-oliva pálido. Bandas transversales difusas, o bien definidas, y/o manchas diversas suelen estar presentes en los ejemplares jóvenes. Las bandas suelen ser más fuertes en la zona anterior, y las manchas destacan más en la posterior. El color de fondo se oscurece con el crecimiento hasta que algunos ejemplares se vuelven negros, mientras que otros simplemente se vuelven de color oliva oscuro. Los negros suelen desarrollar una mancha de color amarillo vivo en el centro de la mayoría de las escamas, mientras que conservan una pizca de las bandas anteriores. Los bordes de las escamas y de la piel intersticial permanecen negros. Las serpientes de esta variedad son muy bellas. Las adultas de color oliva desarrollan piel intersticial negra y blanca en la zona anterior, conservan las bandas claras anteriores y, a menos que estén irritadas e hinchadas, aparecen de un color bastante uniforme en la parte posterior. En realidad,

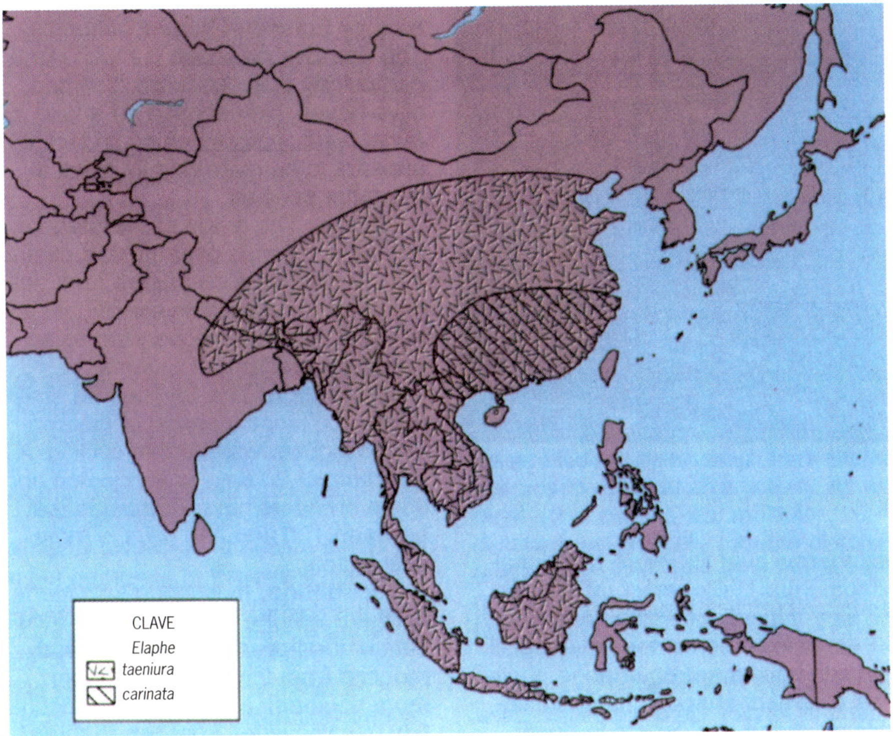

la piel intersticial posterior es oscura y se muestra mejor cuando la serpiente se encuentra en una postura defensiva o hinchada por la comida.

Variación: Se trata de otra *Elaphe* asiática divergente. Difiere de sus numerosos congéneres tanto en su morfología como en sus hábitos. Incluso los adultos tienen una tendencia a consumir presas de sangre fría (ectotérmicas). Consumen con avidez tanto serpientes (incluidos ejemplares más pequeños de su propia especie) como lagartos. Algunos individuos muestran una clara e irreversible preferencia por las presas ectotérmicas en lugar de las tradicionales endotérmicas. A diferencia de la inmensa mayoría de las serpientes ratoneras, las cuales tienen las pupilas redondas, algunos especímenes de *E. carinata* presentan las pupilas con forma de lágrima. Esta variedad divergente se aprecia mejor cuando las serpientes ratoneras están iluminadas por una fuerte luz.

Una investigación exhaustiva podría determinar que *Elaphe carinata* no es una verdadera ratonera

Reproducción: Si se favorece su ciclo de reproducción con un periodo normal de hibernación, *E. carinata* no es difícil de criar. Las nidadas pueden tener más de doce huevos grandes, y las crías son de un tamaño relativamente grande al nacer. A una temperatura de 27-29 °C la incubación varía entre uno o dos meses escasos. Aunque algunas crías recién nacidas aceptan roedores como presas, muchas insisten en lagartos como primeras comidas. El impregnar a un ratón con heces o sangre de lagarto puede inducir a comer a una serpiente que se resiste a aceptar al roedor.

Serpiente ratonera de Dione (Elaphe dione)

Aunque no es una favorita de los aficionados americanos, esta serpiente ratonera, bastante amable pero de colores apagados, se ve de vez en cuando en las listas de los tratantes. No es una especie muy común en los Estados Unidos, pero sí lo es para los criadores europeos. Las ratoneras de Dione se parecen mucho a *E. bimaculata*, una ratonera de manchas muy difusas y colores apagados (marrón-oliva). De hecho, parece estar estrechamente relacionada con esta última especie.

Área de distribución: El área de distribución geográfica de la serpiente ratonera de Dione se extiende por la mayor parte de Asia central. Puede hallarse al nivel del mar o a mayores alturas, y tiene fama de ser una importante depredadora de roedores.

Período de hibernación: La serpiente ratonera de Dione requiere un largo periodo de hibernación para iniciar el ciclo de la reproducción. Se aconseja un periodo mínimo de 90 días, aunque algunos criadores prefieren entre 120 y 150 días.

Incubación: Al igual que sucede con muchas serpientes ratoneras de latitudes norteñas, el periodo de incubación de *E. dione* es bastante menor que el de otras especies de climas más meridionales. La incubación normal, por lo general, varía entre dos y tres semanas a 28 °C.

Dieta: Aunque nosotros nunca hemos criado a esta especie, nos han dicho que las crías aceptan sin problemas ratones rosados como primer alimento.

Tamaño: Los adultos de esta pequeña e interesante serpiente miden entre 75 y 90 cm de longitud total.

Una serpiente ratonera japonesa

Se trata de una serpiente nerviosa mucho más popular entre los aficionados asiáticos y europeos que entre los americanos. De hecho, ni la variedad normal (Aodaisho) ni la albina (Shirohebi) de esta tranquila y resistente serpiente se encuentran fácilmente en el mercado americano. Aunque los tratantes la llaman a veces la serpiente ratonera japonesa, no es ni mucho menos la única serpiente ratonera japonesa. Por ello, nosotros utilizaremos los nombres nativos específicos de las variedades normal y albina.

Dos variedades de color: El colorido normal de Aodaisho no es muy alegre. El fondo puede variar entre un gris oliva muy apagado hasta un verde amarillento-oliva algo más vivo. La marca que aparece con más frecuencia en todas ellas es una franja postorbital oscura que se extiende desde el ojo hasta el extremo de la boca. Algunas adultas tienen manchas muy vagas en forma de silla de montar; otras presentan cuatro líneas difusas, y otras (especialmente las adultas jóvenes) combinan ambas cosas. Las dos bandas dorsolaterales suelen estar más definidas que las laterales. En realidad, en algunas variedades, sólo pueden apreciarse dos bandas dorsolaterales. Las crías y las jóvenes se parecen mucho a las adultas, aunque con los dibujos algo más marcados.

La variedad albina –la Shirohebi– está muy protegida. Existen un número moderado de ellas viviendo en libertad cerca de la ciudad de Iwakuni. Las crías recién nacidas tienen ligeras manchas en forma de silla de montar; las adultas tienen los ojos rojos y el cuerpo de un blanco rosado liso. Ni siquiera los ejemplares salvajes muestran señales de consanguinidad prolongada. Los especímenes consanguíneos presentan anormalidades en las escamas y también ojos más grandes de lo normal.

E. climacophora, al parecer, es muy conocida y tolerada en su Japón natal.

Se dice que es relativamente común, incluso cerca de las moradas humanas, y se reconoce su labor como predadora de ratas y ratones. Además de roedores, esta especie acepta aves y sus huevos.

Tamaño y cría: Los adultos pueden medir 1,50 m. Las hembras parecen madurar algo más lentamente que los machos. Incluso los ejemplares cautivos que se alimentan más de lo normal con el fin de «acelerar» su crecimiento, rara vez llegan a madurar sexualmente hasta el tercer año de vida, siendo más frecuente que esto suceda durante el cuarto o quinto año.

Reproducción: Las hembras más pequeñas y jóvenes producen menos huevos, de menor tamaño y, aparentemente, menos viables, que otras hembras más grandes. Las camadas pueden constar de 3 a 18 huevos, aunque lo normal es un número comprendido entre el 10 y el 13. Al igual que sucede con muchas serpientes ratoneras asiáticas, los huevos de esta especie parecen incubarse mejor a temperaturas más bien frescas. Nosotros hemos incubado huevos con buenos resultados durante 65 días a 24 °C. En cierta ocasión se produjo la mortalidad de todos los embriones parcialmente desarrollados de una nidada al alcanzarse, inadvertidamente, una temperatura de 30 °C. No sabemos si la mortalidad fue causada por el calor (esta temperatura la toleran huevos de otras muchas especies de serpientes ratoneras) o esto fue una mera coincidencia.

La japonesa *E. climacophora* no es muy buscada por los aficionados americanos. Los ejemplares adultos son de color amarillo paja o verde oliva con marcas muy vagas

Ciclo de la reproducción: Un periodo de hibernación de unos 90 días favorece mucho la iniciación del ciclo reproductivo de esta especie. Como sucede con la mayoría de las demás serpientes ratoneras, existe la posibilidad de que se produzcan varias nidadas (en las especies más septentrionales del Viejo Mundo, las nidadas dobles no están tan bien constatadas). Pero de hecho, una sola nidada por temporada es ya un logro.

Cuidados en cautividad: Nuestras *E. climacophora* se alojaban en un terrario bastante grande y alto. Pronto encontraron, y comenzaron a utilizar con frecuencia como escondrijos, unas cajas nido de cacatúa que habíamos colocado cerca de la parte superior del terrario.

Aunque eran totalmente capaces de abatir ratas vivas de un tamaño moderado, preferían presas sacrificadas previamente.

Elaphe helena

Se trata de otra *Elaphe* asiática muy popular en Europa pero rara vez vista en los Estados Unidos. Los aficionados europeos están tan interesados en esta serpiente ratonera que pocas veces quedan ejemplares para exportar.

Colorido: Como muchas otras *Elaphe*, esta ratonera presenta un colorido variable. Si bien los especímenes más oscuros no se caracterizan por una gran belleza, los más claros (de color beige o amarillo) son bastante hermosos. A primera vista, el color de estos últimos recuerda a una fase rubia de la serpiente ratonera de Trans-Pecos: *Bogertophis s. subocularis* (véase página 109).

La cabeza de *E. helena* suele carecer de dibujo, a excepción de una línea oscura que une las dos escamas parietales y una banda oscura postocular de variable intensidad. En la nuca aparecen casi invariablemente un par de bandas alargadas y oscuras, que hacen juego con una segunda pareja ventrolateral.

El dibujo del cuerpo, más difícil de describir, debe dividirse necesariamente en una parte anterior y otra posterior. En la zona anterior (pero posterior

No todos los ejemplares de *E. helena* tienen un color tan vivo como este fotografiado en Glades Herp

a las bandas del cuello), esta ratonera presenta marchas dorsales oscuras bordeadas irregularmente. En la zona dorsolateral, estas manchas oscuras presentan vestigios estrechos, y más oscuros aún, de bandas. En la lateral, las manchas oscuras a menudo contienen escamas claras e irregulares que, juntas, forman una pequeña mancha clara. En la zona posterior, la manchas pierden intensidad y el dorso generalmente se aclara; sin embargo, los costados se oscurecen formando una ancha banda lateral bordeada uniformemente pero con poca intensidad. El vientre es de color claro y cuando en él aparece alguna marca se trata sólo de una sombra clara e irregular.

Tamaño: Se trata de una serpiente ratonera de tamaño pequeño o mediano, con un cuerpo proporcionalmente delgado. La longitud media de los adultos es de 90-120 cm, aunque en algunos casos pueden llegar a alcanzar 1,50 m. Los machos son algo menores que las hembras.

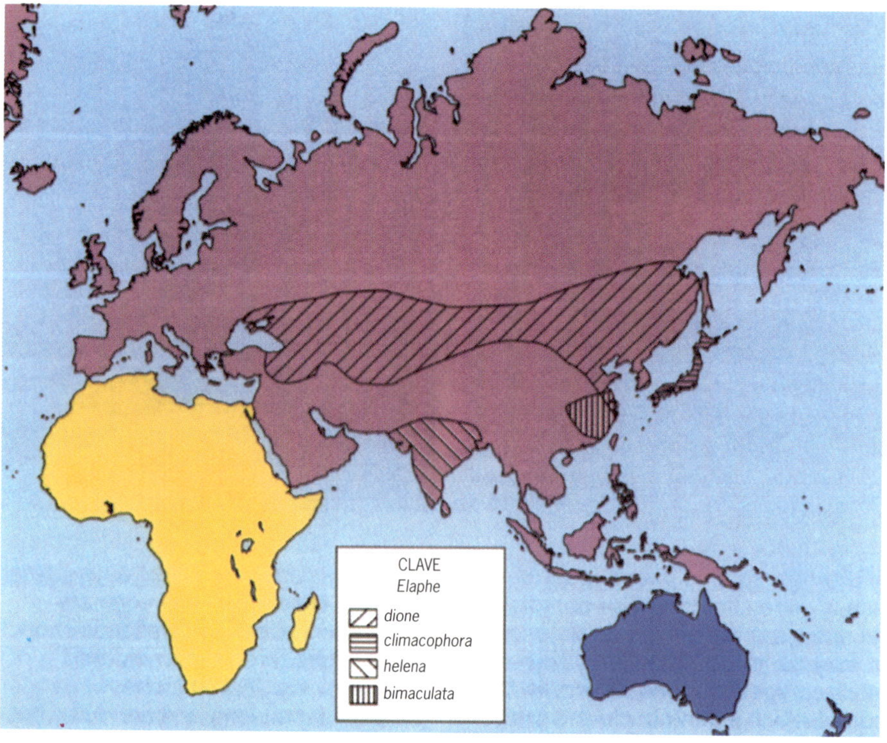

Área de distribución: *E. helena* se extiende por la mayor parte del subcontinente de la India, hacia el este hasta el Nepal y hacia el sur hasta Sri Lanka.

Reproducción: Debido a su distribución básicamente tropical, no precisa hibernación para reproducirse. Un simple periodo de enfriamiento es todo lo que se necesita para asegurar el éxito en la mayoría de los casos, y en otros, ni tan siquiera eso. Como muchas otras serpientes ratoneras tropicales, *E. helena* tiene varias nidadas en el transcurso de cada temporada. Huelga decir que sólo aquellas serpientes que se encuentran en muy buenas condiciones logran tener varias nidadas. Estas comprenden típicamente entre cuatro y siete huevos y, a una temperatura de 28-30 °C, un periodo normal de incubación dura unos 60 días.

Dieta: Las pocas crías recién nacidas que nosotros hemos tenido comían ratones recién nacidos.

Comportamiento: Aunque los ejemplares salvajes recién capturados muerden con facilidad, una vez aclimatados son serpientes ratoneras tranquilas y manejables. Es fácil entender por qué los criadores que trabajan con *E. helena* están tan contentos con ella.

Dos ratoneras chinas muy parecidas

Un breve, aunque difícil comentario sobre dos pequeñas y bonitas serpientes asiáticas. La primera de ellas, *E. bimaculata,* no presenta ningún problema. Se trata de una serpiente ratonera muy típica e interesante, que la mayoría de los aficionados consideran bastante resistente en cautividad.

E. rufodorsata es algo más difícil, dado que, aunque hace tiempo que se incluye dentro del género *Elaphe,* esta clasificación es muy discutible. A diferencia de la mayoría de sus congéneres, come pescado y ranas. Tiene un hocico pequeño y rechoncho, y pocas escamas. En conjunto, esta especie se parece más a las natricinas (serpientes de agua y sus parientes) que a las serpientes ratoneras.

E. bimaculata

Área de distribución y descripción: Esta pequeña ratonera (70-90 cm) abunda más en las colecciones europeas que en las americanas. Es de color tostado, marrón claro o beige, con dos filas de manchas de color rojo-marrón o rojo fresa, bordeadas de oscuro.

Una de sus dos variedades, bien diferenciadas, podría llamarse «serpiente ratonera de cuatro bandas». En ella, las dos filas de manchas dorsales se unen formando bandas bordeadas uniformemente por extensiones longitudinales, y dos bandas laterales también muy marcadas. En esta variedad se aprecia una tendencia a que el colorido general sea más oscuro que el de

Las serpientes ratoneras de manchas gemelas (*E. bimaculata*, arriba) pueden confundirse fácilmente con *E. rufodorsata* (abajo). Fotografiadas ambas en Gulf Coast Reptiles

la variedad más típica, llamada «de manchas gemelas».

La variedad de *E. bimaculata* llamada «de manchas gemelas» es bastante atractiva. Las manchas dorsolaterales suelen ser discretas en la parte anterior, pero a veces aparecen unidas en la posterior. En la coronilla tiene una mancha con forma de punta de lanza cuyos lados se extienden hacia atrás en dirección al cuello, formando dos bandas cortas. Las bandas oscuras postorbitales comienzan a los lados de la boca, atraviesan los ojos, donde se estrechan, y continúan como una línea oscura (a veces discontinua) que rodea la punta del hocico. Otra marca pasa sobre la punta del hocico y conecta los ojos. Las manchas laterales pueden ser muy pronunciadas o poco definidas, y pueden aparecer separadas o unidas, formando una banda irregular.

Hibernación: Como cabría esperar de una serpiente ratonera de latitud norte, un periodo de letargo invernal estimulará el ciclo reproductivo. Se sugiere un periodo de hibernación de tres meses. Se han obtenido buenos resultados con temperaturas de hibernación comprendidas entre 10 y 16 °C. El apareamiento puede producirse antes o después de la hibernación.

Reproducción: En los casos en que la reproducción se ha iniciado en otoño, la puesta de huevos fértiles ha tenido lugar durante la primavera siguiente, sin que se produjesen otras nidadas. Estas son poco numerosas (de tres a ocho huevos de tamaño grande). El periodo de incubación es breve, variando entre tres y cuatro semanas. Las crías miden entre 23 y 28 cm al nacer y presentan colores apagados, aunque por lo demás son bastante parecidas a sus padres.

Dieta: Parece que aceptan bien ratones recién nacidos como primer alimento.

E. rufodorsata

Y ahora vamos con la problemática *E. rufodorsata*, la serpiente ratonera que, definitivamente, no es una ratonera.

Descripción: En cuanto a su dibujo y colorido, *E. rufodorsata* se confunde fácilmente con *E. bimaculata*. En la parte superior de la cabeza tiene una punta de lanza intrincada y de color oscuro. Un galón oscuro (ya sea completo o cortado en la punta) une los ojos. Los dibujos laterales y dorsolaterales

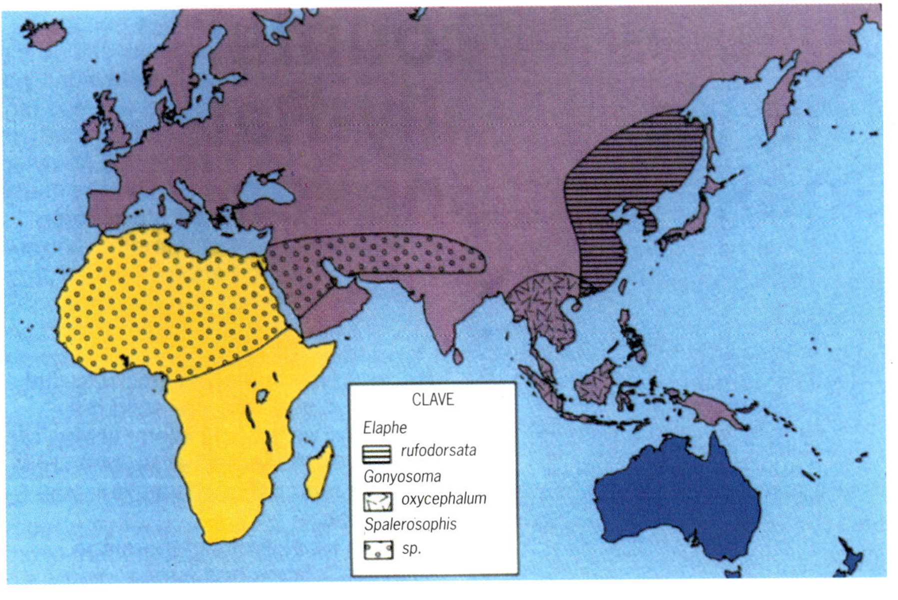

son bastante complicados. En la mayoría de los casos, una línea vertebral de color claro (que suele ser beige), bien definida y bordeada de negro, se extiende desde la nuca hasta el extremo de la cola. A ambos lados de esta, por la parte anterior y central, presenta una fila de ocelos parciales (véase Glosario), alargados y discretos. Perfilada de oscuro en la parte superior y a los lados, la base de cada ocelo está abierta y en contacto con una línea lateral clara. En la parte anterior hay también dos filas de manchas oscuras irregulares a cada lado, una en la zona lateral y otra en la ventrolateral. En la posterior, las manchas se debilitan y el aspecto general es el de una serpiente a rayas. El vientre está marcado con manchas oscuras irregulares. El color de fondo dorsal varía entre tostado y rojizo.

Hábitos: Las pocas *E. rufodorsata* que hemos tenido se han aclimatado rápidamente y se han desarrollado bastante bien. Pudimos comprobar que son portadoras de numerosos endoparásitos, los cuales, si no se eliminan, pueden debilitar a los animales con el tiempo.

Por casualidad nos dimos cuenta de su preferencia por el pescado y los anfibios. Los primeros ejemplares que tuvimos nos llegaron sin previo aviso y no disponíamos de un lugar preparado para albergarlos. Se trataba de un grupo de cuatro ejemplares (dos machos y dos hembras) y los colocamos, sin más, en un terrario en el que había una pareja de serpientes jarreteras de cabeza roja, *Amphiesma stolata*. El tanque era grande y las jarreteras eran unas serpientes pequeñas que estaban todavía en cuarentena. Una docena, aproximadamente, de peces pequeños nadaban en el recipiente del agua. En pocos minutos, las *E. rufodorsata* encontraron el recipiente y se comieron hasta el último pez. Añadimos más peces y se los comieron igualmente. A partir de entonces comían también ranas de árbol cubanas, *Osteopilus septentrionalis*, que acababan de experimentar la metamorfosis. Una pequeña hembra de *E. rufodorsata*, que claramente estaba preñada cuando la recibimos, dio a luz seis pequeñas crías que medían unos 11 cm de longitud total. Estas comían gambusias (pececillos) sin problemas.

«¿Dio a luz?» ¡Pues sí! Este es otro de los aspectos en los que esta especie se diferencia del resto del género. Entre todas las serpientes ratoneras del mundo, *E. rufodorsata* es la única especie ovovivípara (véase Glosario).

Esta especie raramente es solicitada por tratantes o aficionados. Los ejemplares que entran en el mercado de animales de compañía de los Estados Unidos suelen hacerlo por error (los tratantes chinos las envían como si fuesen *E. bimaculata*).

LISTA DE ESPECIES: LAS SERPIENTES RATONERAS QUE EN REALIDAD NO SON TALES

Los géneros asiáticos *Gonyosoma* y *Spalerosophis*

Si para merecer el calificativo de ratonera una serpiente sólo tiene que comer ratas, entonces las serpientes pertenecientes a estos dos géneros del Viejo Mundo son tan ratoneras como las demás. Sin embargo, si para ostentar este título es necesario que una serpiente esté emparentada con *Elaphe*, ya no parece apropiado referirse a estas especies como serpientes ratoneras.

Gonyosoma oxycephalum

Esta serpiente ratonera verde de cola roja era, hace tiempo, miembro del género *Elaphe*. A pesar de que cierto número de ellas han sido importadas tanto a los Estados Unidos como a Europa durante las dos últimas décadas, poco se sabe sobre esta serpiente. Lo que sí sabemos es que su área de distribución es inmensa, y que su colorido es muy variable.

Colorido: Normalmente, los ejemplares procedentes del sudeste de Asia tropical suelen ser de color verde (a menudo verde hoja) con la cola roja o anaranjada. El color rojo es más vivo en el centro de cada escama, siendo las uniones de un color rojo más pálido o gris. Las escamas supralabiales (labio superior) suelen ser de un color mucho más vivo que la superficie dorsal de la cabeza. Una banda ocular oscura separa los dos colores. El colorido ventral suele ser más pálido (amarillento) que el verde de las escamas dorsales y laterales.

Los ejemplares procedentes de Java pueden ser de color gris perla, sin que el colorido de la cola contraste con él, y la cabeza tiene manchas verdes o verdes y amarillas, o bien es gris lisa. Las escamas dorsales y laterales son más oscuras en el borde, presentando a menudo un hermoso aspecto festoneado.

En otras zonas geográficas, como la isla de Célebes y otras de alrededor, el color del fondo puede ser tostado cálido, beige o marrón oliva. La cola puede ser gris o negra o carecer de colores que contrasten. La cabeza suele tener al menos algún matiz de amarillo o verde claro. En todos los casos, la parte baja de los lados y el vientre es, al menos, algo más clara, y presenta una banda ocular oscura.

Ciertas variedades de color llevan el nombre subespecífico de *floweri* (una variedad marrón) o *jansenii* (una serpiente marrón con bandas laterales oscuras que se supone específica de las Islas Célebes). Sin embargo, dada la inmensa variedad de coloridos que se ve en esta serpiente dentro de una zona determinada, la validez de estos nombres parece estar en tela de juicio.

Cautividad: Por desgracia, las *Gonyosoma* son de las serpientes más difíciles de aclimatar, por lo que no hay una gran demanda de ellas en cautividad. La mayoría portan numerosos parásitos o desarrollan problemas respiratorios cuando son importadas. El debilitamiento de muchas de ellas es irreversible cuando aterrizan en el Nuevo Mundo. En las contadas ocasiones en que se reciben «colas rojas» relativamente sanas, algunas llegan a salvarse si se purgan inmediatamente para librarlas de sus parásitos.

Debido a que los ejemplares capturados son tan difíciles de aclimatar, las pocas ratoneras de cola roja que se ponen a la venta son caras. En 1995, las adultas capturadas se vendían por una cantidad equivalente a la comprendida entre 40 y 90 euros, mientras que las crías nacidas en cautividad se vendían por el equivalente a 240 euros cada una.

Crías: La mayoría de las crías recién nacidas que se ofrecen actualmente a la venta proceden de huevos puestos por hembras gestantes importadas. Las nidadas son pequeñas: de tres a nueve huevos alargados y más bien grandes. Las delgadas crías miden entre 40 y 50 cm de longitud al nacer. Son similares a los adultos, pero de colores más apagados, especialmente antes de su muda postnatal. Aunque las crías capturadas se alimentan de lagartos y ranas, las que nacen en cautividad no parecen rechazar ratones pequeños.

Comportamiento: *G. oxycephalum* parece ser una especie muy arborícola. Ciertamente, si dispone de un terrario espacioso, con la altura suficiente y ramas adecuadas, estas serpientes treparán ágilmente por ellas. Muchas veces se enroscan en la rama más alta a la que tienen acceso, algo que seguramente hacen en los árboles cuando viven en su hábitat natural. Aún refuerza más la teoría del carácter arborícola de esta especie el hecho de que, cuando los ejemplares capturados empiezan a alimentarse en cautividad, por lo general el primer alimento que les tienta es un ave.

Se tiene constancia de que los ejemplares salvajes adoptan distintas posiciones arborícolas, en árboles y arbustos, a menudo bastante cerca del agua. En algunas zonas, *G. oxycephalum* se considera una serpiente de manglar y se la asocia con el agua salada.

Tanto por su aspecto como por su conducta, *Gonyosoma oxycephalum* se

Serpiente ratonera verde de cola roja *(Gonyosoma oxycephalum)*

parece más a las serpientes corredoras que a las ratoneras. Son largas (a menudo alcanzan 2,60 m, y a veces más) y delgadas, con la cabeza estrecha pero bien diferenciada del cuerpo, y un hocico proporcionalmente largo. Son rápidas y se mantienen siempre alerta y a la defensiva. Muchos ejemplares capturados en su hábitat natural (prácticamente todos ellos son capturados) se resisten con todas sus fuerzas a la manipulación. Es fundamental que se las aloje en un terrario grande, de orientación vertical, tranquilo y situado en un

Dos fases diferentes de la coloración de la serpiente ratonera verde de cola roja

lugar poco transitado. También es importante manipularlas sin tensión. Conviene proporcionarles lugares donde puedan esconderse, como cajas de las que se usan como nidos de aves, colocadas firmemente cerca de la parte superior de su terrario.

Temperatura: Es una serpiente tropical de baja altitud y, como tal, prefiere temperaturas cálidas y un alto grado de humedad. Si esta es escasa se pueden producir problemas en la muda. Las pocas que nosotros hemos tenido durante periodos variables de tiempo se mantenían a una temperatura nocturna de 24 °C y diurna de 31 °C.

En nuestra opinión, las serpientes ratoneras rojas de cola verde son una especie apropiada sólo para aficionados con gran experiencia o para zoológicos.

Spalerosophis

Se trata de un grupo de serpientes ratoneras que en realidad no lo son. Aunque sólo hay una especie, existen, sin embargo, unas ocho subespecies. La organización taxonómica varía en función de la autoridad citada. Debido a que el miembro más popular del género, *S. diadema*, es llamado «serpiente ratonera diadema», este nombre se ha extendido a otras formas. La razón de que las hayamos incluido en este libro es que todas ellas se están haciendo sumamente populares y con frecuencia se las llama serpientes ratoneras.

Aunque generalmente se las llama ratoneras, las serpientes del género *Spalerosophis* tal vez estén más relacionadas con las corredoras. Esta *S. diadema atriceps* fue fotografiada en Glades Herp

Los miembros del género *Spalerosophis* están, probablemente, bastante relacionados con las corredoras. Son activas durante el día, y viven en las tierras áridas del norte y centro-este de África, así como en Asia central, lugares todos ellos donde las temperaturas diurnas son muy cálidas en verano.

Las diadema suelen defenderse con amenazas, hinchando el cuerpo, silbando y amagando cuando se acerca una mano. Algunas muerden, aunque la mayoría no lo hacen. Incluso unas adultas capturadas que el autor de este libro importó en cierta ocasión llegaron a ser bastante tratables con el tiempo.

Colorido: La mayoría de estas serpientes presentan el fondo de color arena o beige, con manchas grandes o pequeñas, a veces en forma de silla de montar. Se aprecia una tendencia a que las marcas del cuello se alarguen hasta formar bandas discontinuas (sobre todo en la zona dorsolateral) o bien manchas tenues. La cabeza de algunas de ellas muestra dibujos intrincados (las manchas en forma de diadema que dan el nombre a esta serpiente), mientras que en otros casos la cabeza es tan oscura que los dibujos apenas se aprecian.

Hábitos alimenticios: Las distintas serpientes ratoneras diadema son, como las corredoras, cazadoras que buscan y atacan, en lugar de quedarse escondidas a la espera de que pase una presa por delante, como hacen las *Elaphe*. Aunque *Spalerosophis* puede constreñir, en este aspecto son menos eficaces que las verdaderas serpientes ratoneras. Muchas veces, las diadema agarran a su presa y la inmovilizan rodeando su cuerpo con un solo anillo. Sus mandíbulas son muy poderosas y la mordedura de un ejemplar grande puede asfixiar rápidamente a un roedor pequeño.

Cuidados en cautividad: Si se mantienen secas y calientes, las serpientes ratoneras diadema son una especie muy resistente. Las temperaturas diurnas de 28-33 °C parecen ser las más adecuadas. Un extremo del terrario puede calentarse ligeramente con algún tipo de calentador que se coloque debajo del tanque. Las temperaturas nocturnas pueden ser varios grados inferiores a las diurnas.

Reproducción: Si bien un simple enfriamiento invernal y una reducción de las horas de luz puede bastar para que los ejemplares procedentes de las zonas más sureñas de su territorio inicien el ciclo reproductivo, los oriundos de zonas más septentrionales tal vez precisen un periodo de auténtica hibernación. Dado que, por lo general, resulta imposible determinar el origen de un ejemplar una vez que ha entrado en el mercado de animales, quienes deseen criar serpientes ratoneras diadema deben optar por el periodo de hibernación completo.

Los machos diadema suelen alcanzar la madurez sexual a una edad más temprana que las hembras. Son capaces de reproducirse a los dos o tres años de vida, y las hembras un año después.

Las hembras de gran tamaño ponen entre 4 y 10 huevos grandes. Las crías miden entre 40 y 45 cm de longitud al nacer y son similares a los adultos en cuanto a los dibujos, aunque sus colores son más apagados.

Las subespecies: De este grupo de serpientes, la que tiene unos colores más vistosos es la variedad conocida como «serpiente ratonera diadema real»: S. *diadema atriceps*. Las marcadas manchas en forma de silla de montar que tienen en su juventud palidecen y son sustituidas en la madurez por motas y manchas oscuras e irregulares. Además, con la llegada de la madurez el fondo de color arena adquiere una tonalidad beige o terracota. El dibujo en forma de diadema que presentan las jóvenes en la cabeza se va cubriendo con una tonalidad cada vez más intensa de negro y/o rojo. En conjunto, esta moradora del desierto tiene un tamaño impresionante (1,70 m) y es fácil de mantener. Aunque algunos ejemplares se muestran muy nerviosos, la mayoría no tardan mucho en tranquilizarse. Actualmente, esta subespecie se cría mucho en cautividad tanto en América como en Europa. La diadema real se extiende por amplias zonas de la India, Pakistán y países adyacentes.

La serpiente ratonera diadema egipcia, S. *diadema cliffordi*, es una corredora de colorido más pálido y menos llamativo. Aunque el dibujo de las crías jóvenes puede palidecer con el paso del tiempo, esta variedad conserva marcas muy definidas durante toda su vida.

La serpiente ratonera diadema con manchas, S. *(diadema) arenarius*, es también una especie muy hermosa. El color de fondo de esta serpiente paquistaní suele ser de un tostado pálido, y las numerosas, aunque pequeñas, manchas que lleva en el centro del dorso y en los laterales (que son aún más pequeñas) pueden variar entre un marrón cálido y un rojo casi fresa. Esta especie alcanza también una longitud de más de 1,50 m. Aunque antes era muy común en el mercado americano de mascotas, actualmente se ve muy poco.

Las serpientes americanas tropicales *Spilotes* y *Pseustes*

Las serpientes neotropicales de los géneros *Spilotes* y *Pseustes* son arborícolas delgadas y de colores suaves que algunas veces se venden como ratoneras tropicales o como serpientes tropicales comedoras de polluelos. Son animales delgados y de gran belleza, a menudo con mal carácter. En ambos géneros, incluso los ejemplares sanos que llevan mucho tiempo viviendo en cautividad presentan un aspecto de desnutrición y la espalda en forma de quilla. Suelen portar numerosos parásitos cuando son importadas. Ninguna de ellas se cría mucho en cautividad.

Incluimos aquí a estas serpientes por la única razón de que muchas veces se venden como si fuesen serpientes ratoneras y pocos compradores saben que esta identificación no es exacta.

Comportamiento: Cuando se asustan, las serpientes de estos dos géneros hinchan la garganta (verticalmente), retroceden la cabeza formando una «S» y se defienden asestando repetidos golpes. Si tocan el objeto que las ha provocado, no dudan en lanzarse a morderlo. Tanto *Spilotes* como *Pseustes* llegan a acercarse, en algunos casos, a los 3 m de longitud, y sus mordeduras pueden dejar un recuerdo inolvidable.

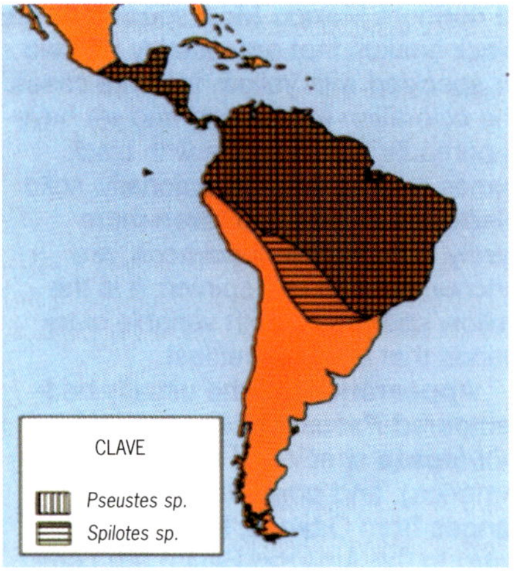

Las serpientes de estos dos géneros presentan un colorido muy diferente, siendo *Spilotes pullatus* la más bonita (en realidad una especie básicamente arborícola más relacionada con las corredoras).

Área de distribución y colorido: *S. pullatus* se extiende, en alguna de sus cinco subespecies, por gran parte de la América tropical hasta el norte de México. La mayor parte de los ejemplares son negros, con diferentes bandas o motas amarillas. Sin embargo, en algunos casos el colorido es a la inversa, siendo las serpientes básicamente amarillas con bandas o motas negras. En raras ocasiones se encuentran también ejemplares totalmente negros y todavía con menor frecuencia, ejemplares totalmente amarillos. En nuestra opinión, los de color amarillo con bandas negras son los más bonitos.

Aspecto: De todas las malhumoradas *Pseustes,* sólo dos, *sulphureus* (una especie procedente de Latinoamérica ecuatorial) y *poecilonotus* (que se extiende desde Oaxaca, en México, hasta la cuenca amazónica) se ven con frecuencia en el mercado de mascotas. Las distintas especies de *Pseustes* presentan un aspecto bastante similar, diferenciándose principalmente en el número de filas de escamas con forma de quilla o sin esta forma (tarea difícil de determinar cuando una serpiente está enfadada y dispuesta a morder).

Las serpientes tropicales del gènero *Spilotes* pueden ser desde totalmente amarillas hasta totalmente negras. Sin embargo, como la mayoría de ellas, este ejemplar es mixto. Fotografiado en Gulf Coast Reptiles

P. sulphureus tiene todas las escamas dorsales y laterales en forma de quilla excepto la fila situada justo encima de los anchos escudos ventrales. En *P. poecilonotus,* por lo general, las filas más bajas de escamas laterales no tienen forma de quilla. Las *Pseustes* son, en su mayoría, de color verde oliva o amarillo azufre (con bandas dorsales o sin ellas).

Los comentarios que presentamos a continuación incumben igualmente a las serpientes de los dos géneros.

Comportamiento: Las serpientes ratoneras neotropicales pueden ser bastante resistentes en cautividad. Son ágiles y activas trepadoras que, según parece, se extienden por un territorio muy extenso. Dos *Pseustes sulphureus*

Debido a la existencia de numerosos nombres comunes que causan confusión, lo mejor es referirse a las serpientes del género *Pseustes* mediante sus nombres científicos. Esta es una *P. sulphureus.* Nótese la garganta hinchada y la lengua colgante

fueron vistas en el Perú amazónico arrastrándose por un tejado en un complejo turístico. Se trataba de una pareja, en la que el macho (de unos 2,40 m) parecía seguir a la hembra (de unos 2 m) a lo largo de su «rama artificial» a unos 6 m de altura sobre el nivel del suelo. Seguramente la pareja había llegado del bosque cercano aquella misma mañana, ya que esa zona había sido registrada la noche anterior en busca de serpientes. No se sabe de qué parte del bosque procedían. La preferencia de *Spilotes* por los viajes a través de los árboles la demostró también un ejemplar del Yucatán. Aunque esta serpiente fue vista por primera vez en el suelo, enseguida giró y se precipitó hacia unos matorrales, subió por una hiedra y continuó su escapada por lo alto de unos espinos (4,50 m). En realidad aquel animal se habría ocultado mejor si hubiese permanecido en el suelo.

Terrarios y temperatura: Lo dicho anteriormente nos lleva a la conclusión de que las serpientes ratoneras tropicales prefieren estar por encima del suelo. Por ello, se les debe proporcionar amplios terrarios de orientación vertical, provistos con numerosas ramas horizontales. Debe tenerse en cuenta, sin embargo, que los miembros de estos dos géneros son activos por naturaleza y pueden alcanzar una longitud total de 2,70 m. Necesitan también temperaturas cálidas (27-33 °C), una elevada humedad relativa y abundante agua limpia para beber. Las temperaturas nocturnas pueden descender unos cuantos grados.

Hábitos alimenticios: Ninguna de estas serpientes son constrictoras. Agarran a sus presas con sus fuertes mandíbulas y las inmovilizan arrojando un anillo de su cuerpo sobre ellas. El hecho de que muchas *Pseustes* y *Spilotes* que viven en libertad muestren cicatrices en la parte anterior de su cuerpo demuestra que esta técnica de abatir a los roedores no siempre resulta eficaz. Estas serpientes son oportunistas, por lo que, además de ratones, comen aves, anfibios y otros reptiles, dependiendo de lo que encuentren.

Aunque hace tiempo que se venden en el mercado ambos géneros de serpientes ratoneras tropicales, parece que es ahora cuando más las están solicitando los aficionados. De las dos, la preferida es *Spilotes*. Aunque esta serpiente no se cría fácilmente en cautividad, se sabe de algunos éxitos logrados por aficionados y zoológicos. Las camadas obtenidas han sido bastante pequeñas, comprendiendo entre 6 y 17 huevos. La crías son largas (40-50 cm) y delgadas, y se alimentan sin problemas a base de ratones pequeños. Al nacer, las crías son réplicas en miniatura de las adultas.

¡FOTOGRAFÍELAS Y DÉJELAS EN LIBERTAD!

Fotografiar serpientes ratoneras puede ser una actividad complicada pero muy gratificante. Muchos aficionados consideran la fotografía como la mejor manera de dejar constancia del comportamiento de las serpientes, ya sean cautivas o libres. Nosotros disfrutamos enormemente con este pasatiempo. Nos sirve de excusa para ir al campo y es una manera de «tener» una serpiente ratonera sin que dé trabajo, una vez que la fotografía ha sido tomada y revelada. El conseguir buenas fotografías de serpientes ratoneras puede poner a prueba la paciencia de cualquiera. Incluso la más pacífica de ellas suele moverse –aunque sea lentamente– pero lo bastante como para que la fotografía salga borrosa. Aún más difícil resulta fotografiar a un ejemplar en el campo. La fotografía requiere, por un lado, sigilo y conocimiento del campo, y por otro, cierto conocimiento de la cámara y sus accesorios. Nosotros llevamos en el maletero del coche una cámara, varios objetivos distintos, 10 o 12 carretes de película y un decorado portátil. En algún momento u otro, no sólo utiliza-

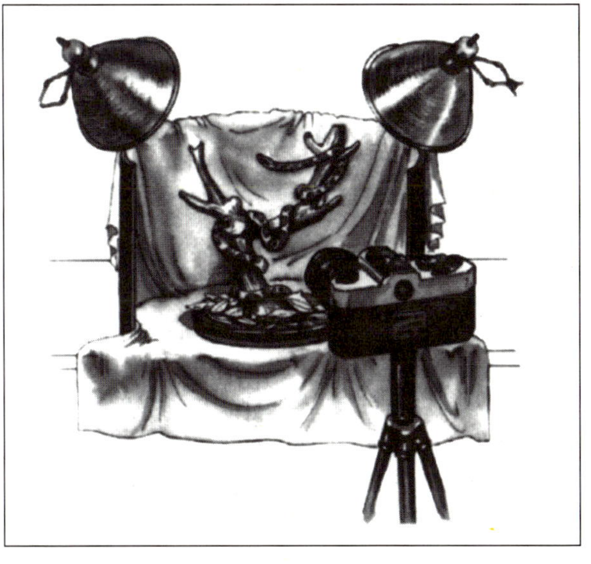

Es fácil fabricar en casa un decorado sencillo utilizando un cubo de basura de plástico y una bandeja giratoria

mos todo este material, sino que desearíamos haber llevado más. A medida que uno va haciendo fotos, aprende de ellas a mejorar las siguientes. Empezar es fácil.

Equipo

El equipo necesario dependerá de distintos factores como, por ejemplo, si se van a realizar fotos de campo a larga distancia o con decorados preparados. Por supuesto, siempre es más fácil fotografiar serpientes cautivas o en decorados que en libertad, pero no resulta igual de gratificante.

Algunos consejos

- Para fotografías con decorados, se puede crear un pequeño escenario natural colocando rocas, musgo, hojas o corteza (lo que sea más apropiado para la especie que se esté fotografiando). Nosotros utilizamos una pequeña bandeja giratoria como base. Esto nos permite girar el decorado con el animal encima, y así captar diferentes ángulos fotográficos. Para que este método funcione hay que moverse muy lentamente y girar el decorado también muy despacio. Si no se dispone de una bandeja giratoria, siempre se puede organizar un decorado en un tablero o sobre un tocón de árbol (en exterior o en interior, dependiendo de donde se esté en ese momento). Luego se coloca a la serpiente en su sitio (¡a veces cuesta que se queden tranquilas!) se enfoca, y se dispara.

  No está de más contar con la ayuda de otra persona para coger o colocar la serpiente.

- Nosotros hicimos un soporte trasero para nuestro decorado con la mitad superior de un cubo de la basura. Primero lo cortamos al tamaño adecuado y lo sujetamos con tornillos al borde de la bandeja giratoria. Una tela de terciopelo negro colocada alrededor de la superficie interior del soporte es un buen fondo para las fotografías. El resultado es un decorado muy práctico, que se puede mover con facilidad.

- Si desea sacar fotografías de campo, aproxímese al animal lentamente y de refilón. No le mire a los ojos. Si la serpiente advierte su presencia (cosa que seguramente hará), quédese totalmente inmóvil durante un momento y luego empiece a moverse otra vez. Al cabo de un rato, si tiene suerte, estará lo bastante cerca como para conseguir la foto que buscaba.

- Cuando termine, retroceda con sumo cuidado, procurando alterar el hábitat lo menos posible y sin dejar allí nada, excepto las huellas de sus zapatos y la serpiente que acaba de fotografiar.

Equipo básico

Lo más aconsejable es una cámara de 35 mm resistente, con objetivos intercambiables. No es necesario que la cámara y los objetivos sean nuevos; nosotros hemos utilizado un buen equipo de segunda mano en muchas de nuestras aventuras fotográficas. Pero conviene que el vendedor esté bien informado, que le aconseje sobre las condiciones del equipo que compre, y que pueda hablarle sobre las características de los objetivos o del cuerpo principal de la cámara (los equipos de segunda mano rara vez vienen con manuales).

Objetivos: Entre los objetivos que nosotros empleamos se encuentran los siguientes:

- Un gran angular de 28 mm para fotos de hábitat
- Un objetivo estándar de 50 mm para fotos de hábitat
- Un objetivo macro de 105 mm para primeros planos (sirve para casi todo)
- Un zoom de 75-205 mm para diferentes fotos de campo

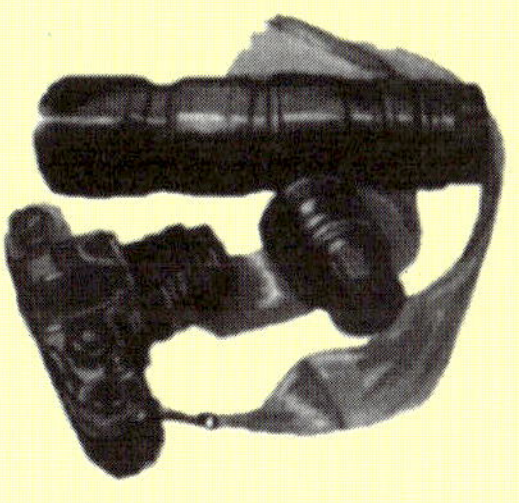

Disponer de distintos objetivos le permitirá enfocar a diferentes distancias

- Un teleobjetivo de 400 mm de distancia focal fija para fotos de campo
- Un zoom de 120-600 mm para fotos de campo lejanas pero variables

Una cámara de 35 mm puede ser bastante barata si se compra de segunda mano

Utilice un trípode para evitar que las fotos salgan movidas

Flashes estroboscópicos: Una serie de flashes estroboscópicos especiales (un flash estroboscópico actúa con el dispositivo de parada f de la cámara para proporcionar el nivel de luz apropiado).

Tubo/anilla de extensión: Un tubo de extensión de 1.25x o un 2x (duplicador).

Película: La película para diapositivas de 50 ISO es más lenta, por lo que tiene menos grano que otras películas más rápidas. Esta película más lenta es la que le dará mejores resultados, pero también requiere un día luminoso o flases electrónicos para compensar la baja velocidad. Cuanto más elevado sea el ISO, menos luz será necesaria para sacar las fotografías, pero estas tendrán más grano. Si usted hace fotografías con intención de publicarlas, utilice película de 50 ISO para diapositivas. Si son para su disfrute personal, utilice diapositivas o papel, según prefiera.

Trípode: Un trípode resistente (absolutamente necesario si se utiliza teleobjetivo) mantendrá la cámara inmóvil mientras usted hace esa foto que sólo se consigue una vez en la vida. El equipo fotográfico con objetivos es pesado, especialmente cuando uno se encuentra en el campo y ha caminado un trecho con el agua hasta la cintura y luego ha escalado un par de laderas. Este equipo resulta pesado incluso en interiores.

Cuerpo de la cámara: Conviene tener al menos un cuerpo de cámara de repuesto, por si el primero no funcionase bien.

APÉNDICE

Aglifo. Que no tiene colmillos inyectores.

Albino. Que carece del pigmento negro normal.

Alopátrico. Que no se dan juntos, sino con frecuencia adyacentes.

Aneritrístico. Que carece del pigmento rojo.

Ano. Abertura externa de la cloaca.

Anterior. En la parte delantera.

Arborícola. Que vive en los árboles.

Caudal. Relativo a la cola.

Cloaca. Cámara común en la cual se vacían el sistema digestivo, el urinario y el reproductor, y que se abre al exterior a través del ano.

Constreñir. Envolver fuertemente con los anillos y apretar.

Crepuscular. Activo al atardecer y/o al anochecer.

Dimórfico. Existencia de dos formas distintas en base a la constitución o al colorido que afecta a una misma especie. Con frecuencia está relacionado con el sexo.

Diurno. Activo durante el día.

Dorsal. Relativo a la espalda.

Dorsolateral. Relativo a la parte superior de los lados.

Ecdisis. Muda periódica de la piel.

Ectotérmico. Que necesita la temperatura exterior para regular la propia.

Endémico. Que está confinado a una región específica.

Endotérmico. Regula la temperatura interior sin dependencia de la exterior.

Eritrístico. Predominio del pigmento rojo.

Escama ocular. Una especie de lente que cubre los ojos de las serpientes.

Escudo. Escama.

Especie. Grupo de criaturas similares que tienen crías viables. Designación taxonómica que se sitúa debajo del *género* y encima de la *subespecie.* Abreviatura: *sp.*

Estivación. Período de inactividad durante el estío, a menudo provocado por un exceso de calor o sequía.

Evolución convergente. Evolución similar de dos especies no relacionadas, como resultado de ciertas condiciones del entorno.

Forma. Especie o subespecie identificable.

Fotoperiodo. Duración variable de las horas de luz diurna, que depende de las estaciones.

Género. Clasificación taxonómica de un grupo de especies con características similares. El género se clasifica entre la denominación superior de *familia* y la inferior de *especie.* Siempre se escribe con mayúscula.

Glotis. Abertura de la tráquea.

Heliotérmico. Relativo a especies que se calientan con el sol para termorregularse.

Hemipenes. Órganos copuladores dobles de los machos de lagartos y serpientes.

Herpetología. Estudio científico de los reptiles y los anfibios.

Herpetólogo. Persona que entiende de herpetología.

Hibernáculo. Guarida invernal.

Híbrido. Progenie resultante del cruce de dos especies.

Hidratar. Restablecer la humedad corporal mediante la bebida o la absorción.

Insular. Que vive en una isla.

Labial. Relativo a los labios.

Lateral. Relativo a los lados.

Leucismo. A diferencia del albinismo, el leucismo está causado por defectos en todos los cromatóforos. Los animales leucísticos suelen ser de color blanco puro y sin dibujos. Los ojos de la mayoría de ellos son azules o negros.

Lugar de puesta. El punto elegido por la hembra para poner los huevos o tener a sus crías.

Melanismo. Profusión de la pigmentación negra.

Mental. Escama situada en la punta del labio inferior.

Monotípico. Que contiene un solo tipo.

Nicho ecológico. Hábitat concreto utilizado por una especie.

Nocturno. Activo por la noche.

Ocelo. Mancha de color rodeada de otro color.

Ontogenético. Cambios de color (y a veces también de dibujo) relacionados con la edad.

Órganos de Jacobson. Detectores olfativos situados en el paladar de las serpientes y los lagartos.

Ovíparo. Que se reproduce mediante huevos que eclosionan después de la puesta.

Ovovivíparo. Que se reproduce mediante huevos contenidos en una membrana o concha que eclosionan antes de nacer o en el momento del nacimiento.

Placa anal. Escudo (o escudos) de gran tamaño que cubren el ano de una serpiente.

Poiquilotermo. Especie que no posee una regulación de la temperatura corporal interna. El término antiguo es el de *sangre fría*.

Postocular. En la parte posterior del ojo.

Prensil. Adaptado para agarrar.

Premaxilares. Huesos de la parte delantera de la mandíbula superior.

Puesta. En el sentido empleado aquí, la puesta de huevos o el nacimiento de las crías.

Rostral. Escama (con frecuencia modificada) situada en la punta del hocico.

Simpátrico. Que se produce en la misma localidad.

Subespecie. Subdivisión de una especie. Abreviatura: *ssp.*

Taxonomía. Ciencia de la clasificación de las plantas y de los animales.

Temperatura ambiente. Temperatura del entorno.

Terrestre. Que vive en el suelo.

Termorreceptivo. Sensible al calor.

Termorregular. Regular la temperatura corporal eligiendo un ambiente más cálido o más fresco.

Ventral. Relativo al vientre.

Ventrolateral. Relativo a los lados del vientre.

DIRECCIONES ÚTILES Y LECTURAS RECOMENDADAS

Asociaciones de aficionados

A pesar de que las serpientes ratoneras y las del maizal están entre los reptiles que gozan de mayor popularidad, no existen asociaciones dedicadas exclusivamente a estas serpientes. Sin embargo, entre los miembros de la mayoría de las asociaciones de herpetología suele haber siempre muchas personas interesadas en ellas.

Para encontrar una asociación de herpetología, lo mejor es preguntar a profesores o catedráticos de biología, a gente que trabaje en museos y en centros relacionados con la naturaleza, o en tiendas de animales.

Asociación Española de Herpetología

Apartado de correos 317
35080 Las Palmas de Gran Canaria

Asociación Catalana de Herpetología

Apartado de correos 593
08080 Barcelona

Centro de Recuperación de Anfibios y Reptiles de Cataluña (CRARC)

08783 Masquefa, Barcelona

Revistas

Reptilia
Salvador Mundi, 2
08017 Barcelona, España

Reptiles Magazine
P.O. Box 6050
Mission Viejo, CA 92690 USA

Reptile and Amphibian Magazine
RD3, Box 3709-A
Pottsville, PA 17901 USA

Reptilian Magazine
22 Firs Close
Hazlemere, High Wycombe
Bucks HP157TF, England

Libros y artículos

Arnold, E. N. y J. A. Burton. *A Field Guide to the Reptiles and Amphibians of Britain and Europe*. Londres: Collins, 1978.

Bartlett, Richard D. *In Search of Reptiles and Amphibians*. Leiden: E. J. Brill, 1988.

— *Digest for the Successful Terrarium*. Morris Plains, NJ: TetraPress, 1989.

Bartz, H. y V. Sheidt. «Care and Breeding of the Chinese Twin-Spotted Rat Snake, *Elaphe bimaculata*». *The Vivarium*, 2(2): 8-10, 1989.

Conant, Roger y Joseph T. Collins. *A Field Guide to Reptiles and Amphibians; Eastern and Central North America*. Boston: Houghton Mifflin, 1991.

Cranston, T. «Natural History and Captive Husbandry of the Western Green Rat Snake». *The Vivarium* 2(1): 8-11, 29, 1989.

Dowling, Herndon G. *A Taxonomic Study of the Rat Snakes, Genus Elaphe fitzinger. II. The subspecies of* Elaphe flavirufa *(Cope)*, Ann Arbor, MI: U of MI, 1952.

— *A taxonomic study of the rat snakes, genus* Elaphe fitzinger. *V. The Rosaliae Section*. Ann Arbor: U of MI, 1957.

— *A taxonomic study of the rat snakes. VI. Validation of the genera* Gonyosoma wagler *and* Elaphe fitzinger, Copeia (1): 29-40, 1958.

— *A taxonomic study of the rat snakes, genus* Elaphe fitzinger. *VII. The triaspis section.* Zoologica 45: 53-80, 1960.

Mehrtens, John M. *Living Snakes of the World in Color.* Nueva York: Sterling Publications, 1987.

Pope, Clifford H. *The Reptiles of China.* Nueva York: American Museun of Natural History, 1935.

Stebbins, Robert C. *A Field Guide to Western Reptiles and Amphibians.* Boston: Houghton Mifflin, 1985.

Staszko, Ray and Jerry G. Walls, *Rat Snakes: A hobbyst's Guide to Elaphe and Kin.* Neptune, NJ: TFH, 1994.

Wright, Albert H. and A. A. Wright. *Handbook of Snakes.* Vol I. Ithaca, NY: Comstock, 1957.

DECLARACIÓN UNIVERSAL DE LOS DERECHOS DEL ANIMAL

Preámbulo

Considerando que la vida es única e irrepetible, que todos los seres vivos tienen un mismo origen y que se han diferenciado en el transcurso de la evolución de las especies.

Considerando que todo ser vivo posee unos derechos naturales, y que todo animal dotado de un sistema nervioso y riego cerebral posee unos derechos propios.

Considerando que el desprecio y el mero desconocimiento de dichos derechos naturales provoca graves atentados contra la naturaleza y conduce al hombre a cometer crímenes contra los animales.

Considerando que la coexistencia de las distintas especies en el mundo hace necesario el reconocimiento por parte de la especie humana al derecho a la existencia de las demás especies animales.

Considerando que el respeto del hombre hacia los animales es inseparable del respeto de los hombres entre ellos mismos.

Se proclama lo siguiente

Artículo 1º

Todos los animales tienen los mismos derechos a la existencia dentro del marco de los equilibrios biológicos. Esta igualdad no oculta la diversidad de especies y de individuos.

Artículo 2º

Toda vida animal tiene derecho a ser respetada.

Artículo 3º

1. Ningún animal podrá ser sometido a malos tratos ni tampoco a actos de crueldad.

2. Si es necesaria la muerte de un animal, esta debe ser instantánea, indolora y no generadora de angustia alguna.

3. El cuerpo de un animal muerto debe tratarse con respeto.

Artículo 4º

1. Todo animal salvaje tiene derecho a vivir libre en su propio hábitat natural y a reproducirse.

2. La privación continuada de su libertad, la caza y la pesca como ocio, así como toda utilización de animales salvajes para fines que no sean de necesidad vital son contrarios a este derecho.

Artículo 5º

1. Todo animal que el hombre tenga bajo su dependencia tiene derecho a ser mantenido y cuidado atentamente.

2. En ningún caso debe ser abandonado ni sacrificado de manera injustificada.

3. Todas las formas de cría y utilización de los animales deben respetar la fisiología y el comportamiento propios de cada especie.

4. Cualquier forma de exhibición, publicidad, espectáculos, películas o vídeos que se sirvan de animales deben respetar su dignidad y no comportar violencia alguna.

Artículo 6º

1. La experimentación con animales que implique sufrimiento físico o psíquico viola los derechos de dicho animal.

2. Los métodos alternativos y sustitutorios deben ser desarrollados y puestos en práctica sistemáticamente.

Artículo 7º

Todo acto que implique la muerte innecesaria de un animal o toda decisión que conduzca a dicho acto constituyen un crimen contra la vida.

Artículo 8º

1. Todo acto o decisión que ponga en peligro la supervivencia de una especie salvaje constituye un genocidio, es decir, un crimen contra la especie.

2. La masacre de animales salvajes, la contaminación y la destrucción de los biotipos son genocidios.

Artículo 9º

1. La personalidad jurídica del animal y sus derechos deben estar reconocidos por la ley a través de entes que los defiendan.

2. La defensa y la salvaguarda del animal deben ser reconocidos y estar representados en el seno de los organismos gubernamentales.

Artículo 10º

La educación a través de las instituciones públicas o privadas debe llevar al hombre, desde su infancia, a observar, comprender y respetar a los animales.

La Declaración Universal de los Derechos del Animal fue adoptada por la Liga Internacional de los Derechos del Animal (LIDA) y las Ligas Nacionales afiliadas tras la 3ª reunión sobre los derechos del animal celebrada en Londres del 21 al 23 de septiembre de 1977. La Declaración proclamada el 15 de octubre de 1978 por la Liga Internacional, las Ligas Nacionales y las personas físicas asociadas a ellas fue aprobada por la Organización de las Naciones Unidas para la Educación, la Ciencia y la Cultura (UNESCO), y posteriormente por la Organización de las Naciones Unidas (ONU).

ÍNDICE ALFABÉTICO

TÍTULOS PUBLICADOS EN ESTA COLECCIÓN

ACUARIO DE AGUA DULCE
ACUARIO MARINO
AGILITY
AKITA INU
ALASKAN MALAMUTE
ALIMENTACIÓN DE SU PÁJARO
AMERICAN STTAFFORDSHIRE TERRIER
ARDILLAS
AVES DE JAULA
BASSET HOUND
BOUVIER DE FLANDES
BORDER COLLIE
BÓXER
BULLMASTIFF Y MASTIFF
CACHORROS
CANARIOS
CAROLINAS
CHIHUAHUA
CHOW-CHOW
COCKER SPANIEL INGLÉS
COLLIE
COLLIE BARBUDO
CÓMO EDUCAR A SU LORO
CÓMO EDUCAR A SU PERRO
COMPRENDER A TU PERRO
CONEJO ENANO
DÁLMATA
DOBERMANN
DOGO ALEMÁN
DOGO ARGENTINO
DOGO DE BURDEOS
EL COMPORTAMIENTO DE LOS PECES
EPAGNEUL BRETÓN
FILA BRASILEÑO
FOX TERRIER
GATITOS
GATOS
GECOS
GOLDEN RETRIEVER
GOS D'ATURA CATALÀ
GUÍA DE COMPRA DE LAS RAZAS CANINA
GUÍA PRÁCTICA DE LA CONDUCTA CANINA
HÁMSTERS DORADO Y ENANO
HURONES
HUSKY SIBERIANO
LABRADOR RETRIEVER
LAGARTOS EN TERRARIO
LA SALUD DEL PERRO
LAS ENFERMEDADES DE LOS PECES
LEISHMANIASIS CANINA
LHASA APSO
LOROS, PAPAGAYOS Y PERIQUITOS
MASTÍN DEL PIRINEO
MASTÍN ESPAÑOL
MASTÍN NAPOLITANO
MI PERRO ENVEJECE
MI PRIMER PERRO
MONTAÑA DE LOS PIRINEOS
MUSHING
NATUROPATÍA PARA PERROS Y GATOS
PASTOR DE BRIE
PASTORES BELGAS
PECES DISCO
PECES DORADOS
PECES PAYASO Y ANÉMONAS DE MAR
PEQUINÉS
PERDIGUERO DE BURGOS
PERRO DE AGUA ESPAÑOL

Apreciado lector:

Si desea recibir información actualizada de nuestras novedades, envíenos esta hoja cumplimentada al apartado de correos 13248 (28080 Madrid), o bien por fax al número 913 009 110.

Nombre.. Apellidos..
Edad.. Profesión..
Dirección..
Código postal y ciudad..

¿En qué libro encontró esta tarjeta?..
¿En qué librería lo compró?...

Marque con una cruz los temas de Tikal que le interesan:

Naturismo	❒
Crecimiento personal	❒
Animales de compañía	❒
Pesca deportiva	❒
Esoterismo	❒
Historia	❒
Bricolaje	❒